Application of Copper Cooling Stave under
Highly Intensified Smelting Condition

高炉高强化冶炼条件下铜冷却壁应用

李峰光 著

化学工业出版社
·北京·

内 容 简 介

本书主要介绍高炉高强化冶炼条件下铜冷却壁应用的相关内容。主要对铜冷却壁大面积损坏的原因进行了分析，对其在高炉冶炼过程中的传热过程、挂渣能力、应力分布、壁体变形等进行了详细探讨，并结合试验从炉渣角度研究了铜冷却壁挂渣自保护性能，为高强化冶炼条件下铜冷却壁的合理应用提供了理论依据和技术指导。

本书可供钢铁冶金相关专业的高校教师、研究员、学生，钢铁企业生产技术人员，钢铁设计院技术人员，高炉冷却设备生产厂家管理、技术人员等阅读参考。

图书在版编目（CIP）数据

高炉高强化冶炼条件下铜冷却壁应用/李峰光著.
—北京：化学工业出版社，2022.8
ISBN 978-7-122-41280-5

Ⅰ.①高… Ⅱ.①李… Ⅲ.①高炉-冷却壁-研究
Ⅳ.①TF573

中国版本图书馆 CIP 数据核字（2022）第 068055 号

责任编辑：金林茹　　　　　　　　　　装帧设计：王晓宇
责任校对：田睿涵

出版发行：化学工业出版社（北京市东城区青年湖南街 13 号　邮政编码 100011）
印　　装：北京天宇星印刷厂
710mm×1000mm　1/16　印张 11　字数 188 千字　2022 年 8 月北京第 1 版第 1 次印刷

购书咨询：010-64518888　　　　　　售后服务：010-64518899
网　　址：http://www.cip.com.cn
凡购买本书，如有缺损质量问题，本社销售中心负责调换。

定　　价：99.00 元　　　　　　　　　　　　　版权所有　违者必究

前言

2021年，我国生铁产量已经达到 8.69 亿吨，占全球铁产量的 60% 以上，粗钢产量约为 10.33 亿吨，约占全球钢产量的 53%。我国的生铁基本上全部来自高炉生产，在"高炉-转炉"炼钢生产流程中，炼铁工序的能耗占整个钢铁制造流程总能耗的 70%，这就使得维护高炉稳定顺行、实现高炉长寿和高效的统一成为冶金工作者不懈追求的目标。高炉炉腹、炉腰至炉身中下部是高炉寿命的限制性环节之一，采用铜冷却壁在该区域形成一个无过热冷却体系，利用渣皮来保护炉衬和冷却壁，被认为是解决该区域寿命问题的最有效手段。

国外 1978 年便开始铜冷却壁的试验研究工作，认为铜冷却壁可以实现 30～50 年的工作寿命，服务于 1～2 代长寿高炉炉役。我国从 2000 年才开始进行铜冷却壁的研究工作，但铜冷却壁在我国推广应用迅速。我国高炉应用铜冷却壁二十多年以来，由于缺乏薄壁高炉操作经验，大多数应用铜冷却壁的高炉均存在炉墙结厚、渣皮大面积频繁脱落等问题，给生产造成了一定影响。2010 年以来，我国先后有多座高炉发生了铜冷却壁大面积损坏，给高炉生产造成了灾难性的损失。笔者在第一时间深入国内多家钢铁企业调研铜冷却壁破损情况，获得了大量的第一手资料，并在此基础上开展后续研究工作，至今已有十余年，本书正是笔者多年学习和工作经验的总结。

本书讨论了铜冷却壁在高炉内使用时影响其寿命的因素，重点关注铜冷却壁的破损原因、铜冷却壁稳定挂渣、高炉操作条件对铜冷却壁寿命的影响及铜冷却壁在高炉内的合理使用部位和冷却制度等，这有助于高炉经济、合理地使用铜冷却壁，延长炉腰、炉腹寿命，实现高炉长寿；有助于高炉稳定顺行，实现高效生产；有助于节约冷却壁和检修资金投入，降低生产成本。此外，本书内容对改进铜冷却壁设计和优化高炉冷却系统也具有一定参考意义。

笔者的研究工作得到了导师张建良教授的悉心指导，得到了北京科技大学原校长杨天钧教授、北京科技大学王筱留教授、中冶京诚炼铁设计大师吴启常先生、首钢集团原副总工程师刘云彩先生、鞍钢集团原副总工程师汤清华先生等的关心和大力支持，得到"钢铁冶金过程合理化"梯队其他老师和同学的帮助，得到了湖北汽车工业学院刘建永、杨伟、史秋月、叶四友、郭睿等许多同事的协助。同时，本书的出版工作得到了湖北汽车工业学院材料学院院长张元好教授等同志和学校科技处、研究生处等部门的关心和支持，并得到湖北汽车工业学院学术专著出版专项资助。在此向湖北汽车工业学院与支持、指导笔者研究工作及帮助本书出版的所有老师和同学表示感谢！

　　限于笔者的研究水平，本书中难免有疏漏之处，请各位读者批评指正。

李峰光

目录

第 3 章
铜冷却壁挂渣过程数值模拟   062

第 6 章
炉渣成分变化对渣皮厚度影响　153

展望　160

参考文献　161

第1章

铜冷却壁与高炉
长寿的关系及其应用现状

1.1
高炉长寿技术及其发展趋势

1.1.1　高炉长寿技术意义及目标

20世纪初至今是世界钢铁工业大发展的时期，钢铁产量由1900年的2850万吨[1]增长到2021年的19.50亿吨，涨幅超过67倍。图1-1所示为2000年后世界及中国钢/铁产量统计结果[2]。由图可知，世界钢铁产量仍处于飞速增长中，这给资源及环境带来了极大的压力，节约资源和能源、减轻地球环境负荷已成为各种模式的钢厂必须履行的基本准则，实现钢铁工业可持续发展将是冶金工作者21世纪的奋斗目标。

在目前仍然占据主要地位的"高炉-转炉"炼钢生产流程中，炼铁工序的能耗占整个钢铁制造流程总能耗的70%，这就决定了只有稳定均衡生产，高炉炼铁才能取得较好的效果，高炉长寿逐渐成为现代化高炉追求的目标。一方面，现代高炉正朝着炉容大型化、生产高效化的方向不断发展，高炉长寿的重要性日益显现，高炉能否长寿对于钢铁企业的正常生产秩序和企业总体经济效益影响巨大，高炉长寿就意味着经济效益的提高；另一方面，高炉长寿是钢铁工业减少资源和能源消耗、减轻地球环境负荷，走向可持续发展的一项重要措施。2014年，我国生铁产量达到7.12亿吨，约占全球铁产量的60%，如此巨大的炼铁工业规模决定了减少高炉座数、实现高炉大型化、延长高炉一代炉龄在我国具有更加重要的意义。高炉的大型化和高炉长寿技术应用和推广已成为我国钢铁工业走向新型化工业道路的必然选择。

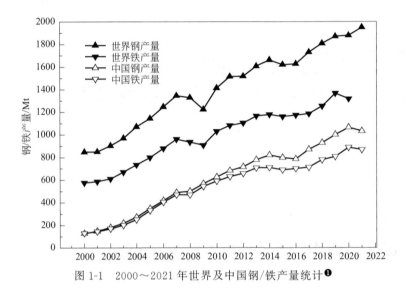

图 1-1　2000~2021 年世界及中国钢/铁产量统计❶

高炉长寿应包含以下目标[3]：

① 高炉一代寿命（不中修）为 15~20 年；

② 高炉的一代炉龄是在高效生产状态下度过的，一代寿命内平均容积利用系数在 $2.0t/(m^3 \cdot d)$ 以上，一代寿命单位炉容产铁量为 13000~15000t/m^3；

③ 高炉大修的工期缩短到钢铁联合企业可以承受的范围之内，例如 2 个月之内，为使高炉长寿，大修后在适当时间内生产达到正常水平，例如 10~15 天，使钢铁厂成为高效的钢铁企业。

高炉长寿技术的核心是高炉一代构建一个合理操作炉型的永久性炉衬，使高炉一代寿命达到上述目标。如能达到上述目标，高炉座数可以最少，能源消耗可能最低，运行效率可能最高。在长期的炼铁工作实践中，炼铁工作者逐渐认识到，没有哪一项独立技术能够确保实现高炉长寿。高炉长寿应该是一项综合的系统工程，只有高水平的高炉设计、施工、操作、配料、检测和控制管理等高度协调、统一，才能实现长寿[4]。因此，高炉长寿的必要条件包括：

---

❶ 数据来源综合了世界钢铁协会《钢铁统计年鉴》《中国钢铁工业年鉴》及中国国家统计局多个渠道，因统计口径不同，数据来源可能与其他文献略有出入。

① 合理的炉体结构，包括冷却形式、合理的炉型等，属于设计问题；

② 耐火材料质量、结构和冷却设备质量；

③ 建设时材料和设备的科学验收、保管和良好的施工质量；

④ 合理和完善的检测手段及生产过程中通过操作对炉体的维护。

上述任何一项独立的技术都不可能解决高炉长寿问题，必须将许多高炉长寿技术集成在一座高炉上，才能形成完整的高炉长寿技术。要实现高炉长寿，必须在以下几个关键方面取得实质性进展[5~7]。

① 炉缸结构合理化。首先是冷却结构合理化，采用合理的冷却结构使高炉在一代寿命中操作炉型保持稳定。高炉操作炉型是高炉一代寿命中保持高产、优质、低耗和长寿的基础。

② 采用软水密闭循环系统取代工业水冷却系统。实践已经证明，工业水冷却系统不能保证高炉长寿，而必须采用强制软水密闭循环系统，并且在循环系统中必须防止气泡产生。

③ 提升高炉耐火材料的质量。高炉不同部位的工作条件不同，炉衬侵蚀机理不同，因此对耐火材料质量的要求也不同。提升耐火材料质量的目的是在整个炉役中尽量使耐火材料的侵蚀降到最低。

④ 提升高炉操作的灵活性。高炉操作直接影响高炉一代炉役寿命，其中主要的影响因素是高炉内煤气流调节、炉气温度控制以及造渣制度控制。与此同时，还需要完善高炉监测系统，使整个高炉炉体的侵蚀处于受控状态。

1.1.2　高炉长寿技术现状及限制性环节

世界各国为了尽量延长高炉寿命，从设计、施工、操作和维护等方面开发了许多新技术和新工艺，取得了显著的效果。国外先进高炉一代炉役（无中修）寿命可达 15 年以上，日本川崎公司千叶 6 号高炉（4500m³）和水岛 2 号、4 号高炉都取得了 20 年以上的实绩。

我国的高炉长寿水平与主流的高炉长寿目标差距较大，一般一代炉役（无中修）寿命低于 10 年，仅少数高炉可达到 10~15 年的长寿目标。国际上炼铁高炉寿命也尚未达到上述目标。国内及国外部分大高炉寿命指标分别见表 1-1 和表 1-2[8]。

由表 1-1 和表 1-2 可知，在世界范围内，高炉长寿的目标尚未完全实现，高炉的稳定、顺行及安全生产仍旧是冶金工作者努力的重要方向。

表 1-1　国内部分 2000m³ 以上高炉寿命指标

厂名及炉号	炉容/m³	炉役	服役/年	单位炉容产铁/(t/m³)	一代利用系数/[t/(m³·d)]
武钢 5 号	3200	1991.10.19—2007.05.30	15.63	11097	1.95
宝钢 1 号	4063	1985.09.15—1996.04.02	10.55	7949	2.06
宝钢 2 号	4063	1991.06.29—2006.09.01	15.17	11612	2.10
宝钢 3 号	4350	1994.09.20—2013.09	19.0	15800	2.40
首钢 1 号	2536	1994.08.09—2010.12.29	14.30	13288	2.10
首钢 3 号	2536	1993.06.02—2010.12.18	15.50	13953	2.21

表 1-2　国外部分大型高炉寿命指标

厂名及炉号	炉容/m³	炉役	服役/年	单位炉容产铁/(t/m³)	一代利用系数/[t/(m³·d)]
大分 2 号	5245	1988.12.12—2004.02.26	15.22	11826	2.13
千叶 6 号	4500	1977.07.17—1998.03.27	20.75	13385	1.77
仓敷 2 号	2857	1979.03.20—2003.08.29	24.42	15600	1.75
光阳 1 号	3800	1987.04—2002.03.05	15.00	11316	2.07
光阳 2 号	3800	1988.07—2005.03.14	16.67	13555	2.23
霍戈文 6 号	2678	1986—2002	16.00	12696	2.17
霍戈文 7 号	4450	1991—2006	15.14	11034	2.17
汉博恩 9 号	2132	1988—2006	18.00	15000	2.28
迪林根 5 号	2631	1985.12.17—1997.05.16	11.4	7754	1.86

　　高炉能否长寿主要取决于以下因素的综合效果：一是高炉设计或新建时采用的长寿技术，如合理的炉型和炉墙结构、优良的设备制造质量、高效的冷却系统、优质的耐火材料；二是良好的施工水平；三是稳定的高炉操作工艺管理和优质的原燃料条件；四是有效的炉体维护技术。这四者缺一不可，但第一项是高炉能否实现长寿的基础和根本，是高炉长寿的"先天因素"。如果"先天因素"不好，想通过改善高炉操作和炉体维护技术等措施来获得长寿，是十分困难的，而且还要以投入巨大的维护资金和损失产量为代价[9]。因此，提高高炉的设计和建设水平，是实现高炉长寿的根本所在。现代高炉采用先进的设计及优质耐火材料后，高炉的寿命得到了大幅度的提升。大量事实表明，影响现代高炉一代炉役寿命的薄弱环节主要集中在两个区域：一是炉腹、炉腰至炉身中下部；二是炉缸、炉底区域（铁口、渣口又是炉缸的薄弱之处）[10,11]。现代炼铁生产采用精料、高压、高风温和喷吹燃料等强化冶炼措施，生铁产量得以提高，炼铁焦比得以降低，与此同时，高

炉设备和炉身、炉缸炉底的工作负荷进一步加重。

1.1.3 炉缸炉底长寿问题

高炉炉缸炉底寿命决定了高炉的一代炉龄。在冶炼过程中，炉缸炉底工作环境非常恶劣，该位置耐火材料侵蚀破坏的速度十分迅速，且无法像炉体其他位置那样在正常的生产过程中进行修补。为有效延长炉缸炉底寿命，冶金工作者从冷却设备寿命、炉衬寿命、高炉操作、监测等多个方面进行了研究。一般认为，炉缸炉底位置炉衬破损有以下几个原因[12,13]：

① 高温渣铁及煤气流的冲刷作用；

② 煤气中 H_2O、CO_2 及 O_2 的氧化作用；

③ 热应力破坏作用[14]；

④ 铁水的浸入，Zn 和 K、Na 等碱金属的侵蚀作用；

⑤ 耐火砖脆化层的形成导致的环裂。

国外的一些研究表明，化学侵蚀和温度波动引起的热冲击是造成高炉下部炉衬损坏的主要原因[15,16]，其中过高的温度会加速化学侵蚀[17]。我国武钢等企业的研究结果表明，化学侵蚀会造成炉衬耐火材料过早损坏[18~20]。

炉缸炉底位置冷却设备的破损也是影响炉缸炉底寿命的重要因素之一，一般在炉缸炉底位置采用铸铁冷却壁或者铸钢冷却壁。武钢等企业的破损调查研究表明，铸铁冷却壁的损坏主要由以下原因引起[21,22]：

① 化学侵蚀。煤气中的 CO_2 与铸铁基体中的铁和碳在 700℃ 以上时发生化学反应，使铸铁基体材质劣化。在 800℃ 左右，碱金属也将对冷却壁基体产生严重的破坏。

② 热应力破坏。生产过程中炉况的波动所产生的壁体温度差将产生热应力，进而使壁体产生裂纹和龟裂，破坏冷却壁性能。冷却壁热面温度波动越大，这种损坏越严重。同时温升越快、温度波动越频繁，热应力损坏也越严重。

③ 相变破坏。在 727℃，铁素体基球墨铸铁将发生相变，由铁素体、珠光体等向奥氏体转变，并产生 17% 的体积收缩。冷却壁反复受热和冷却，相变反复发生，使冷却壁产生裂纹，并不断扩展，从而使壁体发生损坏，造成水管的暴露和破裂，使冷却壁漏水。另外，在 1250℃ 以上温度，球墨铸铁将被熔蚀，被高温烧毁。

根据以上分析可知，温度是影响铸铁及铸钢冷却壁寿命的重要因素，因此在炉缸炉底设计之初需要保证良好的导热，使冷却壁工作温度保持在

700℃以下。综合分析炉缸炉底区域耐火材料及冷却壁破损机理可知，无论是采用"隔热法"或"导热法"设计[23,24]，只要保证炉缸炉底位置的炉衬和冷却壁长期工作于低温状态下，就能有效地防止炉衬及冷却壁破损，从而有效地延长高炉寿命[25,26]。对于已经投产的高炉，采用合适的高炉操作方法和炉缸炉底侵蚀监测手段可有效地延长高炉的寿命[27,28]。

1.1.4 炉腰、炉腹至炉身下部长寿问题

高炉炉腰、炉腹及炉身下部长期承受热冲击、炉料下降的挤压、磨损、化学侵蚀及煤气流上升的冲刷等破坏作用，工作环境非常恶劣[29]。近年来，随着高炉向炉容大型化、生产高效化的方向发展，高炉利用系数及冶炼强度不断提高，炉腰、炉腹至炉身下部的热负荷不断升高，同时原燃料质量的恶化更导致了高炉炉况的频繁波动，软熔带位置频繁变化，使得炉腰、炉腹至炉身下部区域工作环境进一步恶化，炉腰、炉腹至炉身下部区域的寿命成为高炉长寿的限制性环节之一。

20 世纪 80 年代以前，在炉腰、炉腹位置及炉身下部主要使用铸铁及铸钢冷却壁，设计者试图通过加大炉衬厚度、采用优质耐火砖等方式来延长该位置寿命。但实践表明，采用这种设计的高炉砖衬热面温度可达 1200℃ 以上，砖衬内部的温度梯度很大，炉气温度波动时砖衬需要承受很大的热应力及热震冲击，严重降低砖衬寿命[30]。同时，由于砖衬厚度较大，高炉操作者需要在炉役初期刻意发展边缘气流，人为加快砖衬破坏以形成操作炉型，达到提高利用系数等指标的目的。实践证明，无论采用何种耐火材料，采用厚炉衬设计的高炉，其炉腰、炉腹及炉身下部耐火材料仅能维持半年左右，之后冷却设备暴露在高炉内，在频繁的热冲击条件下迅速破坏，无法达到延长该位置寿命的目的。冶金工作者通过长期的研究及实践逐渐认识到：要延长炉腰、炉腹至炉身下部位置的寿命，关键在于在该位置建立一个"无过热"的冷却体系，即高炉在任何条件下工作时，冷却设备的工作温度都不允许超过它的允许使用温度，从而达到保护冷却设备的目的[31,32]。同时，经过试验，人们逐渐认识到渣皮是一种非常好的护炉内衬[33]。由于渣皮热导率只有 $1.2 \sim 2.3 W/(m \cdot ℃)$，如果能保证渣皮快速生成，不仅可以有效减少炉壳热损失，同时可以有效延长该区域寿命。通过采用热导率大的冷却壁材料，辅之以相应的冷却强度，即可在高炉内形成一种自造衬、自保护的体系，进而实现高炉长寿。进入 20 世纪 90 年代后，逐渐形成了采用铜冷却壁的薄壁高炉设计理念，炉腰炉腹区域寿命问题一度被认为已经解决[34,35]。

1.2
铜冷却壁应用历史及优势分析

1.2.1 铜冷却壁与传统冷却壁的对比

（1）球墨铸铁冷却壁及其优缺点[36]

2000 年以前，我国高炉在炉腰、炉腹位置一般采用铸铁冷却壁或铸钢冷却壁作为冷却器。我国及日本等国家均对铸铁冷却壁进行了深入的研究，开发了多种铸铁冷却壁，其特点如表 1-3 所示。

表 1-3　我国与日本冷却壁的比较

我国冷却壁			日本新日铁冷却壁（以新日铁为例）		
代数	开始使用时间	特点	代数	开始使用时间	特点
第一代	1952 年	普通铸铁、蛇形管、铸入黏土砖	第一代	1969 年	含铬铸铁、蹄形管、铸入黏土砖
第二代	1968 年	含铬铸铁、竖直管、铸入黏土砖	第二代	1974 年	铁素体球墨铸铁、蹄形管、铸入高铝砖,改纯水冷却
第三代	1989 年	铁素体球墨铸铁、竖直管、嵌入 SiC 耐火材料、软水密闭循环冷却	第三代	1977 年	铁素体球墨铸铁、双层水管、有角部管、铸入 SiC 砖
第四代	1998 年	铁素体球墨铸铁、竖直管和背部蛇形双层水管、嵌入 SiC 耐火材料、软水密闭循环冷却	第四代	1985 年	铁素体球墨铸铁、双层水管、角部管、铸入双层 SiC 砖、砖壁一体化

相对于早期使用的灰铸铁冷却壁，球墨铸铁冷却壁以铁素体为基体，机械强度高，伸长率高，抗热震性及韧性有所改变，在使用中不易开裂，能达到 8~10 年的使用纪录。然而，球墨铸铁冷却壁本身又存在热导率低（常温下为 27.8W/(m·℃)，300℃时为 30.4W/(m·℃)，此后随温度升高而下降）、水管与壁体间易形成气隙、铸造过程中易出现缺陷等问题，因而无法很好地满足炉腰、炉腹位置的工作条件。由于铸铁冷却壁的冷却水管为钢质，在铸造过程中由于渗碳会造成脆裂，在浇铸过程中还会与壁体黏结。为克服这一问题，国内外普遍采用在冷却管外壁涂以 0.2~0.3mm 厚的涂层，

涂层除可以防止冷却水管渗碳和脆化外，还允许冷却水管与壁体在冷却壁受热膨胀时能够有相对运动。目前，国内外采用火焰喷涂陶瓷涂层或金属陶瓷涂层涂料（由钴、镍、锰的碳化物组成）；然而，球墨铸铁冷却壁中在20号钢管表面涂0.1mm不同涂料的效果表明：氯化汞-水玻璃涂料，刚玉粉-磷酸钴涂料，石英粉-磷酸铝涂料防渗碳效果好，特点是：熔点高，密度大，在烘干和浇铸过程中涂层能保持理想强度和致密性，防渗碳性能好。另外，国内也采用过等离子喷涂金属陶瓷的冷却水管。但不管使用何种方法处理冷却水管，冷却水管和冷却壁本体之间的气隙总是存在，这大大地降低了冷却壁的冷却能力，成为铸铁冷却壁难以克服的问题。

（2）钢冷却壁及其优缺点

钢冷却壁分为钻孔钢冷却壁和铸钢冷却壁两种。我国济钢、鞍钢、南钢、首钢等多家企业在高炉上采用钢冷却壁，并取得了一定的效果[37]。铸钢冷却壁具有熔点高、伸长率大、抗拉强度高及抗热冲击性能好等优点[38]。同时，钢冷却壁热导率约为45W/(m·℃)，较铸铁冷却壁有所提升，且钢质冷却壁解决了因壁体与水管材质差异而产生气隙的问题，所能抵抗的最大热负荷为150kW/m²，在一定程度上可以满足国内大部分高炉的要求[39]。

然而，钢质冷却壁在生产过程中，冷却水管易熔穿或变形[40,41]，同时由于钢的机械强度较高，加工变形较难，无论是铸钢冷却壁还是轧制板坯钻孔钢冷却壁，均存在制造困难且成本较高的问题，因而不能成为发展方向[42]。

（3）铜冷却壁

高炉采用铜冷却壁后，对炉况顺行具有很大的促进作用，某高炉采用铜冷却壁与铸铁冷却壁，比较如表1-4所示。

表1-4　铜冷却壁与铸铁冷却壁比较

项目	铸铁冷却壁	铜冷却壁
冷却壁重量	1800kg/m²（单层）；2400kg/m²（双层）	860kg/m²
高炉炉龄	短	长；磨损少，无漏水
生产率	正常	高：减少了冷却壁和耐火材料厚度，可扩大炉容20%
操作成本	高	低：节约焦炭3kg/tHM，维修量少
自保护能力	低；渣层形成慢（8h以上）	高；渣层形成快（约15min）
热损失	高	低：约50%
壁体温度	高	低

项目	铸铁冷却壁	铜冷却壁
冷却壁应力水平	高:频繁的高温波动	低:温度波动很小
高炉炉壳温度	正常	低

与铸铁冷却壁及钢制冷却壁相比,铜冷却壁具有以下优点[43~45]:

① 热导率高。铜的热导率高达 $340\sim380W/(m\cdot℃)$,在工作温度下是球墨铸铁冷却壁的十余倍。如此高的热导率使铜冷却壁在正常使用条件下热面温度为 $50\sim60℃$,远低于其允许工作温度。

② 良好的抗热震性。由于铜冷却壁表面能形成稳定的渣皮,渣皮脱落和重建周期仅 20min,因此铜冷却壁表面温度波动较小,热疲劳得到有效抑制。同时,铜材具有很高的伸长率,从而使得铜冷却壁具有优秀的抗热震性。

③ 耐高热流冲击性能。铜冷却壁的高导热性能使铜冷却壁在工作时壁体最高温度与允许最高温度之比小于 0.65(铸铁冷却壁此比值为 $0.8\sim0.9$),其能承受的热流也高达 $350kW/m^2$。

④ 抗拉强度高,易加工。

⑤ 冷却均匀稳定及热损失小。

1.2.2 国内外铜冷却壁应用历史

(1) 国外铜冷却壁应用历史

在认识到铸铁冷却壁和钢冷却壁的不足及铜冷却壁的优势之后,国内外冶金企业逐渐尝试使用铜冷却壁。德国 MAN·GHH 公司是最早开始进行铜冷却壁研究的公司,该公司从 1978 年起与 Thyssen 公司合作进行铜冷却壁研发工作,以期研制出一种寿命达 $30\sim50$ 年的冷却器[46]。该公司于 1979 年 8 月首次在 Hamborn 4 号高炉(炉缸直径 10.7m,炉容 2100m³)的炉身第三段上安装了 2 块轧制铜材制造的立式冷却壁进行工业试验,至 1988 年 7 月第一代炉役结束,检验发现原厚度为 150mm 的试验铜冷却壁仅在热面磨损了 3mm[47,48]。1988 年 Thyssen 公司再次在 Ruhrort 6 号高炉(炉缸直径 10.7m,炉容 2151m³)的炉腰及炉身下部第一段各安装了 1 块铜冷却壁进行试验,取得了相同的效果[49]。因以上两次试验取得的成功,Thyssen 公司于 1992 年在 Schwelgen 厂 2 号高炉(炉容 4700m³)上安装了一排铜冷却壁,并在生产过程中记录了铜冷却壁及其相邻铸铁冷却壁的温度变化,如图 1-2 所示[50],结果显示,铜冷却壁壁体平均温度仅约为 40℃,

远低于铸铁冷却壁，且铜冷却壁壁体温度稳定均匀，波动非常小。同年，Preussage Salzgitter 公司在其 B 高炉上安装了 3 排铜冷却壁，所测得的壁体平均温度约为 44℃，与 Schwelgen 厂的结果一致。以上所述的实践有效地促进了铜冷却壁在世界范围内的推广应用，统计结果显示，截至 2007 年末，全球高炉共使用了约 30000 块铜冷却壁[51,52]。

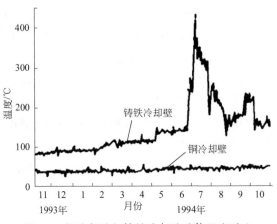

图 1-2　铜冷却壁与铸铁冷却壁壁体温度对比

（2）我国铜冷却壁应用历史

我国对铜冷却壁的研究工作开始得比较晚，杨天钧教授等在 1999 年 4 月举办的高炉长寿及快速修补技术研讨会上提出了在炉腹位置使用铜冷却壁以实现高炉 15 年寿命的目标[53]，并于 2000 年后开始采用铜冷却壁。由汕头华兴冶金设备厂生产的铜冷却壁于 2000 年在首钢 2 高炉进行了试用[54]，并通过了国家冶金局规划司组织的专家评议[55]。2001 年，武钢 1 号高炉大修后在第 7、8 段（炉腰和炉身下部第一段）采用了进口 PW 型连铸椭圆孔铜冷却壁，这是我国高炉首次正式使用铜冷却壁[56]。同年，鞍钢 5 号高炉也采用了从国外引进的铜冷却壁。其后，首钢 2 号高炉在 2002 年 3 月大修时，采用了汕头华兴冶金设备有限公司提供的 3 层共 120 块铜冷却壁，这是我国高炉首次正式采用国产铜冷却壁。目前，全国共有超过 200 座高炉采用铜冷却壁，且绝大部分均处于稳定运行状态中[57]。

1.2.3　铜冷却壁应用经济性分析

由于铜冷却壁单位重量价格是铸铁冷却壁的 7～10 倍，因此在铜冷却壁使用初期，昂贵的价格成为制约其广泛应用的主要因素。国内外研究及实践证明，采用铜冷却壁后，虽然高炉建设时冷却壁一次性投资是铸铁冷却壁的2～3倍[58,59]，但是综合产出效益是投入的7～10倍[60,61]，相比传统的铸铁或钢冷却壁而言，铜冷却壁具有整体的经济优势。表1-5中以国内某厂2000m³高炉为例，依据该高炉建设时（2003年）的冷却壁价格分别列出了采用铜冷却壁和铸铁冷却壁的投资成本[62]。

表 1-5　采用铜冷却壁和铸铁冷却壁投资对比

方案	冷却壁厚度/mm	冷却壁重量/t	冷却壁单价/（万元/t）	总投资/万元
铜冷却壁	115	200	5	1000
铸铁冷却壁	261	450	0.7	320

考虑到铜冷却壁为薄壁炉衬结构，可以节省大量优质耐火材料，相比铸铁冷却壁能减少一次大修，大修时停产损失以及节约水量等，铜冷却壁产出效益远高于铸铁冷却壁。表1-6列出了国内某厂2000m³高炉采用铜冷却壁后相较于铸铁冷却壁可以产生的效益。由表1-5和表1-6可知，采用铜冷却壁后，该高炉可产生的效益约是投入的8倍，相较于铸铁冷却壁具有巨大的经济优势。

表 1-6　铜冷却壁与铸铁冷却壁产出效益对比

项目	铜冷却壁相较于铸铁冷却壁节省资金/万元
减少一次大修	4000
大修停炉减产损失	2500
炉役末期维护及休风费用	500
冷却壁材料回收	355
耐火材料节省	100
冷却水节省	300
总计	7755

1.3
铜冷却壁类型及发展情况

1.3.1　铜冷却壁材质要求

铜冷却壁以高纯度的铜作为冷却壁体的本体材质，基本出发点在于利用铜的高导热性能。目前，国内外对于铜冷却壁材质仍然没有统一标准。德国

Demag公司及欧洲国家其他公司采用表1-7所示的轧制铜冷却壁壁体材质。

表 1-7　欧洲对轧制铜冷却壁材质理化性能要求

化学成分	Cu	≥99.90%
	P	≤0.008%
	O	≤0.005%
	P/O	≥0.8
电导率	≥55m/(Ω·mm²)(95%IACS)	
金相结构	热锻结构	
力学性能控制值	屈服强度 $R_{p0.2}$	约40MPa
	抗拉强度	约200MPa
	伸长率	45%
	硬度 HB2.5/62.5	约40

国内部分生产厂家采用 GB/T 5231 标准所规定成分的 TU2 无氧铜板生产铜冷却壁，其成分要求如表 1-8 所示[63]，另一些厂家的要求如表 1-9 所示。

表 1-8　国内部分厂家铜冷却壁材质要求

Cu/%	P/%	O/%	S/%	热导率/[W/(m·℃)]	体积密度/(g/cm³)
≥99.95	≤0.002	≤0.003	≤0.004	≥380	≥8.93

表 1-9　国内某厂家对轧制铜冷却壁理化性能要求

化学成分	Cu	≥99.95%
	P	≤0.003%
	O	≤0.003%
	P/O	≥0.8
电导率	≥98%IACS	
金相结构	热锻结构,晶粒≤5mm	
力学性能控制值	屈服强度 $R_{p0.2}$	约40MPa
	抗拉强度	约200MPa
	伸长率	45%
	硬度 HB2.5/62.5	约40

国外应用铜冷却壁的高炉操作实践表明，欧洲对铜冷却壁材质的控制是满足其生产要求的。国内生产厂家对铜冷却壁的材质要求比欧洲更高，但是由于中国高炉长期使用低品位矿石，且冶炼强度较高，因此铜冷却壁工作条件较欧洲高炉更为恶劣，铜冷却壁材质能否满足要求需要进一步验证。

1.3.2 铜冷却壁加工工艺

目前铜冷却壁常使用纯铜或无氧铜制造，主要的制造工艺有压延（轧制或锻压）铜板坯钻孔铜冷却壁、带芯棒连铸铜冷却壁以及埋管铸造冷却壁三种[54,64]。下面分别介绍不同生产工艺的特点。

（1）轧制铜板坯钻孔铜冷却壁

压延铜板钻孔铜冷却壁采用轧制或锻压厚铜板，利用深冲钻钻孔形成冷却水通道，然后焊接上钢质进出水口。由于这种冷却壁的冷却水通道是在壁体上钻孔而成，因此不存在冷却水通道与壁体间存在气隙的问题，导热性能优异。同时，由于其加工材质经过轧制或锻压，强度更高，更致密，同时导热性也更好[65]。

（2）带芯棒连铸铜冷却壁

这种铜冷却壁采用连铸铜板坯制造，利用扁圆形芯棒在连铸过程中铸出冷却水通道，以德国 PW 公司生产的 PW-OUTKUNPO 为代表。由于这种铜冷却壁冷却水通道为扁圆形，冷却通道有效的表面积增加，理论上冷却效果可以得到一定提升，相较于其他生产工艺，可将冷却壁厚度减薄。然而，这种冷却壁壁体材质未经轧制，因此其致密性比轧制铜板差，导热性也较轧制铜板冷却壁低。同时，冷却壁连铸过程中易形成壁体表面褶皱、裂纹、气孔等铸造缺陷，影响表面质量。由于其缺陷较难解决，同时生产工艺复杂，近年来 PW 公司已经放弃了这种冷却壁的生产。

（3）埋管铸造铜冷却壁

这种冷却壁完全采用铸造的方法，采用埋入冷却水管形成冷却水通道。铸造过程中埋入的冷却水管以 monel 管（含镍 64%～69%，铜 26%～32%及少量锰、铁）为主，国内外一些生产厂家也尝试采用埋入其他合金管、钢管甚至铜管的生产方式，并取得了良好的效果[66~68]。这种工艺生产的冷却壁由于不需要焊接工序，避免了焊接带来的制造缺陷，但其缺点是热导率较低（热导率 $\lambda \geqslant 320W/(m \cdot \text{℃})$），铸造缺陷（水管和本体的熔合、裂纹气孔等）难于检查，铜料消耗较多，因而目前应用并不广泛[69]。埋管铸造生产铜冷却壁工艺最大的问题在于解决铸造过程中冷却水管的熔化问题，因此采取可靠的护管技术是埋管铸造工艺的关键[70]。

研究及实践证明，在质量合格的情况下，不同工艺生产的铜冷却壁在性能上差异不大[71,72]。目前国内外比较成熟的生产技术为轧制铜板坯钻孔生产。

1.3.3 铜冷却壁类型

为适应不同高炉的生产条件，铜冷却壁大量推广应用以来，冶金工作者一直致力于铜冷却壁结构设计的改进，开发出了多种类型的铜冷却壁[73,74]。

1.3.3.1 传统铜冷却壁

传统的冷却壁厚度较大，通常在 120～150mm 之间（含凸槽），燕尾槽厚度为 40～55mm，每块冷却壁均开有 2～6 个固定用螺栓孔，壁体中心线上方留有一个吊装孔。传统铜冷却壁一般在壁体上设置 4 条圆孔型或扁圆孔型冷却水通道。此类冷却壁以比利时马里蒂姆钢铁公司的西德玛 B 高炉和美国 LTV 钢铁公司印第安纳哈博厂 H-4 高炉安装的铜冷却壁为代表，这两座高炉所用铜冷却壁均由 SMS 公司提供[75]。

1.3.3.2 铜-钢/铜-铸铁复合冷却壁

铜冷却壁相较于铸铁及铸钢冷却壁虽然在导热性能上有优势，但是由于材质的限制存在机械强度上的问题。同时，铜材价格比钢材高出很多，铜冷却壁生产成本也较铸铁或铸钢冷却壁高出很多。为解决上述两个问题，国内外一些厂家开发出了铜-钢及铜-铸铁复合冷却壁[76,77]。复合冷却壁壁体的一部分是铸铜工作面，而另一部分为铸铁或者铸钢工作面，典型的铜-铸铁及铜-铸钢冷却壁结构如图 1-3 所示。这一类冷却壁有效地降低了铜材消耗，在一定程度上解决了冷却壁成本问题。

计算表明，铜-钢复合冷却壁在使用时热面温度不会超过 150℃[78]，应力比铸钢冷却壁低 100～140MPa[79]，铸钢冷却壁在综合力学性能上具有优势。

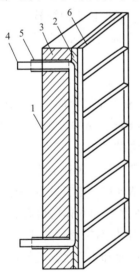

图 1-3　复合冷却壁典型结构

1—冷却壁体；2—铸铜工作面；

3—铸铁或铸钢工作面；4—铜冷却水管；

5—钢冷却套管；6—带固定镶砖的筋板

1.3.3.3 薄型铜冷却壁

研究认为，减薄铜冷却壁厚度以减少铜料消耗是降低铜冷却壁造价的重要手段之一。薄型铜冷却壁一般采用扁孔型或复合型冷却水通道，并将冷却水通道置于正对冷却壁筋肋的位置，以达到减薄冷却壁厚度的目的。一般薄型铜冷却壁将壁体厚度由传统的120～150mm减薄到90mm，同时由于厚度的减薄，冷却壁重量减轻，安装、运输方便。计算表明，薄型铜冷却壁在炉内工作时，应力集中点分布在冷却通道的边沿，最大应力值为35.6MPa，是铜材弹性极限的72%，在安全范围内；薄型铜冷却壁在自由状态下施加热负荷时，壁体变形量最大处在冷却壁中部位置，冷却通道轴线最大位移量约为冷却壁厚度的1/5000，热应力变形不会对冷却壁产生威胁，薄型铜冷却壁可以满足高炉内安全工作的要求[58]。对不同设计结构的薄型铜冷却壁进行热态试验发现，薄型铜冷却壁由于冷却水通道更靠近热面，能显著降低热面及边角部位的壁体温度，从而降低冷却壁热面温差，减小壁体热应力[80,81]。一种典型的薄型铜冷却壁结构如图1-4所示[82]。

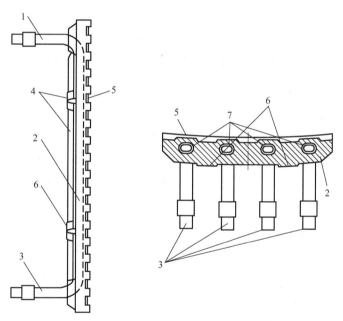

图 1-4　一种典型的薄型铜冷却壁结构

1—冷却水管；2—冷却壁本体；3—纯铜进出水管道；4—固定螺栓孔；
5—热面肋条凹凸台；6—冷面加强筋肋；7—扁圆孔型冷却水通道

1.3.3.4　带凸台/钩头的冷却壁

铜冷却壁使用位置多为炉腰、炉腹及炉身下部区域，而高炉炉身中上部和炉缸位置仍然使用铸铁冷却壁或冷却板。由于铜冷却壁厚度一般为120～

150mm，而铸铁冷却壁厚度一般为 250～425mm，因此两种冷却器衔接处存在凹凸不平的问题。如果过渡位置采用常规结构的铜冷却壁，为保证衔接处平整，则铜冷却壁冷面与炉壳间会形成一个上小下大的空腔，该空腔内捣打料会往下掉漏，同时过厚的捣料层降低了冷却效果。为解决这一问题，铜冷却壁生产厂家提出了带凸台的铜冷却壁或者带钩头的铜冷却壁。一种典型的冷面带凸台的铜冷却壁结构如图 1-5 所示[83]。

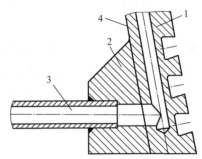

图 1-5　冷面带凸台的铜冷却壁结构

1—铜冷却壁本体；2—凸台；3—进出水管；4—铜冷却壁本体冷面

这种带凸台的铜冷却壁结构不仅解决了不同冷却器衔接位置的过渡问题，而且冷面加装的凸台减薄了该位置的捣料层，使该位置导热性能更好，有效地增强了冷却效果。

另一种解决该问题的方案是采用冷面带钩头的铜冷却壁，这种冷却壁可以保证衔接位置的平整，同时冷面的钩头可支撑捣料。其典型结构如图 1-6 所示[84,85]。

国外一些研究机构及企业很早就提出做带凸台的压延铜板冷却壁的设想。新日铁公司曾设计并制造热面带凸台的铜冷却壁，但未获得成功。德国 KME 公司试图把凸台做成带镶嵌式的，其结构形式如图 1-7 所示。显然带镶嵌式凸台的强度是令人怀疑的。国内某厂利用热锻压方法制造出了的带凸台的铜冷却壁，如图 1-8 所示。

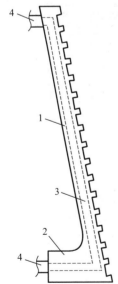

图 1-6　冷面带钩头的铜冷却壁

1—铜冷却壁壁体；2—钩头；

3—冷却水通道；4—进出水口

1.3.3.5　预挂渣皮的铜冷却壁

铜冷却壁设计理念之一是利用其优异的

图1-7　KME公司带镶嵌式凸台的铜冷却壁

(a) 热面带凸台

(b) 冷面带凸台

图1-8　国内某厂生产的带整体内凸台的铜冷却壁

冷却效果在热面形成渣皮来保护壁体，因此铜冷却壁热面镶砖很薄。在实际生产过程中，铜冷却壁镶砖侵蚀很快，且经常会出现渣皮脱落的情况，因而壁体有时会暴露在炉气之中。国内一些厂家提出在铜冷却壁热面预挂一层高抗磨的渣皮来保护冷却壁本体的设计理念。该理念的具体思路是：在铜冷却壁燕尾槽内预制一层人工合成的渣皮材料，该渣皮材料由耐火材料和硅酸钙粉末及金属钢纤维按一定比例混合而成。添加钢纤维的目的是形成耐火材料骨架，有效地增强耐火材料强度以防止其过早损坏。加入硅酸钙粉末则是为了保证人工渣皮在使用时更容易与炉内液态渣铁结合。这种铜冷却壁的结构示意图如图1-9所示[86,87]：

1.3.3.6　强化固渣的铜冷却壁

传统铜冷却壁在热面设计燕尾槽来保证渣皮能够稳定地粘附在铜冷却壁

上，然而在实际使用时发现，仅在热面开槽的铜冷却壁固定渣皮的能力非常有限，经常出现渣皮挂渣不稳、反复脱落等问题。国内一些厂家提出了在冷却壁热面安装铜钉等挂渣件来解决这一问题[88,89]。典型的带挂渣钉的铜冷却壁结构如图 1-10 所示，这种结构的冷却壁能够有效地粘附下降的液态渣铁，迅速形成渣皮来保护铜冷却壁，渣皮形成后，挂渣钉成为支撑渣皮重量的结构，能够有效地保证渣皮的问题，减少渣皮脱落次数。冷却壁热面安装的挂渣钉除了可以采用耐高温材料外，还可以采用与壁体相同的铜材。由于传统的铜冷却壁采用燕尾槽结构加强挂渣，加工燕尾槽时切除的铜料约占铜冷却壁本体重量的 20%，将这部分铜材制作成挂渣钉并安装在铜冷却壁热面，除了能有效加强挂渣外，还能提高生产原料的利用率。

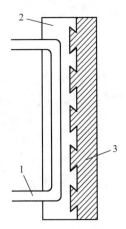 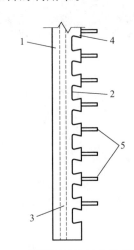

图 1-9　预挂渣皮的铜冷却壁结构示意图

1—冷却水通道；2—铜冷却壁本体；

3—人工渣皮

图 1-10　带铜钉挂渣结构的铜冷却壁

1—冷却壁本体；2—壁体凹槽；3—冷却水通道；

4—热面凸台；5—挂渣铜钉

1.3.3.7　复合孔型铜冷却壁

在铜冷却壁的设计和应用研究中，冷却通道的形状设计是一个重要的课题。通过研究不同截面积的冷却水通道的热工特性，不仅可以优化冷却壁的换热性能，还可以有效减少铜料消耗，降低冷却壁造价。

由于铜冷却壁内水流速度一般为 1.2～2.0m/s，为强制对流换热。在传热学中，对于管道内充分发展的湍流段的换热强度采用式(1-1)来进行计算[90]：

$$Nu = \alpha D/\lambda = 0.023 Re^{0.8} Pr^{0.4} \tag{1-1}$$

式中，Nu 为努赛尔准数；α 为水管与冷却壁间对流传热系数，$W/(m^2 \cdot ℃)$；λ 为水的热导率，$W/(m \cdot ℃)$；D 为水流通道直径，m；Re 为雷诺数；Pr 为普朗特数。

因此铜冷却壁冷却水管与壁体间的强制对流换热系数为：

$$\alpha = 0.023 \frac{\lambda}{D} \left(\frac{vD}{v}\right)^{0.8} \times Pr^{0.4} = 0.023 \frac{\lambda}{D^{0.2}} \left(\frac{v}{v}\right) \times Pr^{0.4} \tag{1-2}$$

式中，v 为水流平均速度，m/s；v 为水的运动黏度，m^2/s。

将式(1-2)代入牛顿换热公式可得：

$$Q = \alpha F \Delta t = 0.023 \frac{F}{D^{0.2}} \lambda \left(\frac{v}{v}\right)^{0.8} \times Pr^{0.4} \times \Delta t \tag{1-3}$$

式中，Q 为冷却水带走的热量，W；F 为水流通道的传热面积，m^2；Δt 为水流通道与水的平均温差，℃。

由式(1-3)可知，冷却水带走的热量与冷却通道的截面积、冷却水流量成正比，与冷却通道当量直径的 0.2 次方成反比，因此改善铜冷却壁传热的两个途径为：提高冷却水的流速和改进冷却水通道形状。国内的一些学者设计了不同的冷却水通道，并对不同冷却水通道进行了模拟研究和热态试验[91~93]。文献 [92] 提出了四种复合冷却水通道设计方案，如图 1-11 所示。文献 [92] 和 [93] 均对不同复合孔型的铜冷却壁进行了热态试验，结果表明，复合孔型的铜冷却壁能够满足高炉的换热效果要求，在相同换热量的条件下，复合孔型的铜冷却壁可以减少 24% 左右的冷却水使用量；同时，

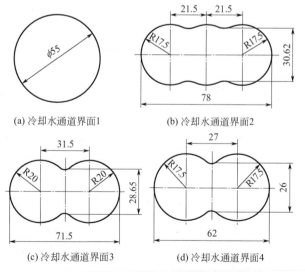

(a) 冷却水通道界面1　　(b) 冷却水通道界面2

(c) 冷却水通道界面3　　(d) 冷却水通道界面4

图 1-11　四种复合冷却水通道界面示意图

采用复合孔型后，生产铜冷却壁时可减少铜料消耗 $178\mathrm{kg/m^2}$。

1.4
铜冷却壁应用现状

1.4.1　国内外典型铜冷却壁应用情况

1.4.1.1　铜冷却壁在宝钢 1 号高炉的使用情况

宝钢 1 号高炉自 1979 年开始建设，1985 年 9 月 15 日第一代炉役投产，经历两次大修后，于 2009 年 2 月 15 日第三代炉役投产，并将炉容由 4063m³ 扩大到 4966m³。该高炉在 2008 年大修时，在炉腰、炉腹、炉身和炉缸部位均采用了铜冷却壁，安装位置如图 1-12 所示。炉缸象脚位置 H2、H3 段采用了 120 块高约 1740mm 的铜冷却壁；H4 段位于铁口环带，在该区域采用了 22 块壁厚 100mm 的铜冷却壁；炉腹位置 B1 段设置 1 段（共 60 块）高约 2200mm 的镶砖铜冷却壁；炉腰位置 B2 设置一段（共 60 块）高约 3000mm 的铜冷却壁；炉身下部设置三段高 2400mm 的镶石墨砖铜冷却壁，其中 S1 段 60 块，S2 段 58 块，S3 段 56 块；在炉腹位置采用了几段铜冷却板，每段铜冷却板逐渐缩短，以完成从薄壁到厚壁的过渡[94,95]。

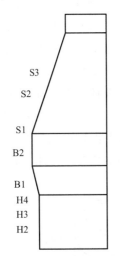

图 1-12　宝钢 1 高炉第三代炉役
铜冷却壁安装位置示意图

该高炉采用铜冷却壁后生产的 4 年多，多次出现炉墙结厚及渣皮大脱落等问题，仅 2009 年 9 月至 2010 年 5 月就出现 6 次炉墙结厚及渣皮大脱落，脱落的渣皮撞击损坏风口共 51 个。其中 2009 年 9 月和 2010 年 5 月先后发生的两次炉墙结厚较严重，这两次炉墙结厚事故共休风 1141min，休风造成减产损失超过 6 万吨。文献 [94] 和 [95] 认为，该高炉多次出现炉墙结厚的原因在于：采用铜冷却壁后，炉体相应的冷却系统并没有进行调整，总体冷却强度偏大，造成冷却壁热面温度过低。同时，边缘布料偏析导致边缘气流较弱，软熔带频繁变化，导致渣皮大脱落。

1.4.1.2 鞍钢新 2、3 号高炉铜冷却壁使用情况

鞍钢新 2、3 号高炉炉容均为 3200m³，设置 32 个风口和 4 个铁口，于 2005 年底开炉生产。该高炉在炉腰、炉腹和炉身下部采用 4 段铜冷却壁，厚度为 125mm。冷却壁热面加工有燕尾槽并固结氮化硅结合碳化硅耐火材料。每块铜冷却壁设置 4 条 ϕ55mm 的冷却水通道，冷却通道间距 220mm，冷却水速 2.0m/s[96]。2008 年 1 月，新 3 号高炉渣皮稳定性明显变差，渣皮脱落次数显著增加，同时炉温波动严重[97]。文献 [96] 认为，高炉的热流密度与渣皮的厚度及密实程度密切相关，通过炉型管理获得稳定渣皮和操作炉型对生产意义重大。鞍钢的现场生产人员认为，使用铜冷却壁后冷却壁热面渣皮容易出现结厚或脱落，破坏操作炉型，造成炉况波动，尤其是渣皮的大面积、频繁脱落造成炉温不可控的波动，而渣皮结厚会造成煤气流分布失常，进而出现高炉管道崩料的现象，即使采用疏松的边缘布料制度也不能取得好的效果[98]。

1.4.1.3 本钢 5 号高炉铜冷却壁使用情况

本钢 5 号高炉是我国于 20 世纪 70 年代自主设计并施工的大型高炉，该高炉由于炉腰、炉腹处高热负荷区冷却壁破损严重，分别于 1994 年和 1996 年被迫进行了两次大修。2001 年该高炉再次大修，大修同时引进了卢森堡 PW 公司生产的连铸椭圆孔道式铜冷却壁[99]。引进的铜冷却壁共计 92 块，厚度为 120mm，外形尺寸分为 870mm×3740mm 和 870mm×4055mm 两种，分别用于炉腰、炉腹和炉身下部的 B2、S1 段[100]。

该高炉采用铜冷却壁投产一段时间后出现冷却壁体变形和冷却水管大量破损的现象，截至 2009 年 6 月，该高炉共发现 40 块铜冷却壁（89 根水管）发生破损。铜冷却壁水管破损的形式主要分为三种：第一种是冷却水管从根部断裂，并与铜冷却壁体完全分离；第二种是冷却水管根部出现接近水管周长 2/3 的开裂；第三种是冷却水管被铜冷却壁挤压变形[100]。同时，该高炉 2010 年 10 月 8 日及 2012 年 12 月 28 日两次检修发现，S1 段多块冷却壁发生变形，如图 1-13 所示[101,102]。

文献 [100] 研究认为，铜冷却壁在炉内的热变形是不可避免的，铜冷却壁越长，其热变形越明显。由于铜冷却壁被波纹管内压力灌浆的耐火材料固定，限制了其自由位移，同时铜冷却壁高温热膨胀变形对水管产生拉应力作用，导致冷却水管与铜冷却壁体焊接处发生应力疲劳，造成铜冷却壁破

(a) S1段60#水管处冷却壁横缝60mm　　　　(b) S1段85#水管处冷却壁横缝20mm

(c) S1段变形破坏的铜冷却壁

图 1-13　本钢 5 号高炉铜冷却壁变形损坏情况

损。而文献［102］同样认为该高炉冷却壁破损是上述原因引起的。PW 公司和中冶赛迪相关专家对该高炉铜冷却壁破损情况进行分析后认为，国内外均没有如此严重的铜冷却壁破损情况发生，目前并无可以借鉴的经验，对铜冷却壁的设计和安装方式仍需进一步的研究。

1.4.1.4　首钢 2 号高炉铜冷却壁使用情况

首钢 2 号高炉炉容 $1780m^3$，设置 24 个风口和 2 个铁口，于 2002 年 5 月投产。该高炉是国内使用铜冷却壁较早的高炉，在炉腰、炉腹和炉身下部安装了三段铜冷却壁。铜冷却壁体厚度 140mm，在热面设置燕尾槽并在燕尾槽内镶嵌碳化硅质耐火材料以加强挂渣。该高炉自 2007 年中开始出现铜冷却壁热面渣皮频繁脱落，同时伴随风口和铜冷却壁损坏现象[103,104]。文献［103］的研究认为，由风口循环区溢出的超高温煤气流到达铜冷却壁热面熔化渣皮是造成热面渣皮频繁脱落的重要原因。热面渣皮的脱落不仅严重影响冶炼，同时使铜冷却壁本体承受高温冲击，影响壁体寿命。文献［103］通过分析后指出，研究影响铜冷却壁热面渣皮稳定性，控制边缘煤气流分布，完善安装铜冷却壁高炉的操作规律，是铜冷却壁研究的一个重要方向。

1.4.1.5　武钢 1 号高炉铜冷却壁使用情况

武钢 1 号高炉有效容积 $2200m^3$，设置 26 个风口和 2 个铁口，是我国首座采用铜冷却壁的高炉。该高炉在第七段炉腰位置和炉身下部的第八段位置安装了88块铜冷却壁，冷却壁厚120mm，采用扁圆孔型冷却水通道。2004年第四季度，由于缺乏铜冷却壁薄壁炉衬高炉的操作经验，该高炉发生了严重的失常，后通过改变焦炭负荷、调整布料制度等手段处理炉况失常，花费了很长的时间[56]。文献［56］对该高炉多年的操作经验进行总结后认为，控制合适的边缘煤气流分布、保证铜冷却壁热面渣皮稳定是薄壁炉衬高炉强化冶炼的关键。

上述文献表明，铜冷却壁热面稳定挂渣是一个亟须解决的问题。

1.4.2 铜冷却壁大面积损坏情况

除热面渣皮不稳定、铜冷却壁热应力变形等问题外，2010年以来，国内先后有多座高炉发生了因冷却强度严重不足而导致的铜冷却壁大面积损坏事故，给高炉生产带来了巨大的损失。发生事故的高炉如表1-10所示[105]。这些高炉铜冷却壁损坏特征为：高炉均出现过闷炉、停水等短期冷却强度严重不足的情况，在出现这种情况后一段时间，冷却壁高度方向上一定区段整周出现类似磨损造成的热面烧坏，该区段正是热流强度最大的部位。

表 1-10　铜冷却壁大面积损坏情况介绍

序号	高炉容积/m³	铜冷却壁型式	损坏状况	工作状态
实例1	2000	进口铸铜板坯焊接铜冷却壁	炉腰部位全面损坏	已停炉更换铜冷却壁
实例2	3200	进口压延铜板焊接铜冷却壁	大量损坏	已停炉更换铜冷却壁
实例3	3200	国产压延铜板坯焊接铜冷却壁	部分损坏	已停炉更换部分损坏的铜冷却壁

对以上3座高炉冷却壁破损情况进行调查，认为铜冷却壁热面大面积损坏的主要形式有以下几种[106]：

① 烧损。冷却壁大面积烧熔，形状已不完整，且存在扭曲变形，如图1-14所示。

② 磨损。冷却壁出现局部磨损。磨损形式主要有两种：冷却壁其中一端燕尾槽及耐火砖保存完整，另一端磨损严重，燕尾槽已经基本消失，冷却壁呈现一端厚一端薄的情形，如图1-15（a）所示；冷却壁沿水管方向中央出现"沟槽"状磨损，冷却壁外缘保存完整，中间发生磨损，如图1-15（b）所示。

图 1-14　烧损铜冷却壁形貌

(a) 磨损形式(一)　　　　　　　　　　(b) 磨损形式(二)

图 1-15　铜冷却壁磨损破坏情况

③ 冷却水管裸露。在上下层冷却壁接缝处即冷却壁的两端出现严重磨损，冷却壁水管裸露，如图 1-16 所示。

图 1-16　铜冷却壁冷却水管裸露

④ 冷却壁弯曲变形。即冷却壁向热面或冷面凸起变形，如图 1-17 所示。

图 1-17　铜冷却壁弯曲变形

　　针对上述铜冷却壁大面积损坏的情况，目前国内外尚未形成统一观点。中冶京诚吴启常等学者在 2012 年 11 月举办的高炉长寿及高风温技术研讨会上发言，认为铜冷却壁的大面积损坏现象是由冷却壁在高炉内服役时出现的铜材"氢病"现象造成的；北京科技大学王筱留教授等认为，造成铜冷却壁大面积损坏是操作引起的，边缘煤气流过大、炉腹角炉身角不合适等造成铜冷却壁大面积损坏；德国冶金专家分析后认为，铜冷却壁热面大面积损坏是由炉内过高的 Zn 负荷造成 Zn 蒸气与铜作用破坏壁体材质引起的[107]。

1.4.3　微量元素对铜冷却壁性能的影响

1.4.3.1　微量元素对铜材性能影响研究

　　铜冷却壁壁体材质中存在微量元素是不可避免的，这些微量元素是原料、生产过程代入或者人为添加的，它们改变铜的组织，进而对铜的性能产生重要影响。铜中的杂质元素主要有三种存在形式[108]：①固溶于铜，大部分的金属元素均固溶于铜，且提高铜的强度和硬度，降低铜的导热性；②很少固溶于铜，并与铜形成易溶熔晶，主要是铅和铋，它们影响铜的强度，但对导热性影响不大；③几乎不固溶于铜，与铜形成熔点较高的脆性化合物，以氧、硫为代表，降低铜的塑性，对铜的导热性能影响不大。

　　在高炉的使用条件下，对铜材性质影响比较大主要是 H、O、P、Zn 等元素。下面分别对其影响进行介绍[109]：

（1）H 对铜材性能的影响

H 在 Cu 中以间隙固溶体的形式存在，提高 Cu 的硬度，当 Cu 中的 H 析出时，其硬度下降。表 1-11 列出了 H 在固态 Cu 中不同温度下的溶解度，温度升高时，Cu 中 H 的溶解度迅速增大，说明在高炉操作条件下，温度升高时，Cu 中溶解的 H 会大量增加。研究认为，铜材中充氢后会加强其应力腐蚀破坏作用[110]。常温下，影响 H 在 Cu 内渗透速度的因素主要有试样厚度、氢陷阱、材料的成分和组织结构、应力状态、表面状态以及晶粒大小等[111]，但高温下 H 的渗透规律目前尚无研究。

表 1-11　铜中 H 的溶解度随温度的变化

温度/℃	400	500	600	700	800
溶解度/(mg/kg)	5.35	14.27	26.76	43.71	64.24

（2）O 和 P 对铜材性能的影响

O 与 Cu 生成熔点较高的脆性化合物 Cu_2O，分布在铜的晶界上。有些紫铜特意保留一定量的 O，一方面它对 Cu 的性能影响不大，另一方面 Cu_2O 可与 Bi、Sb、As 等杂质反应，消除晶界脆性。无氧铜在生产的时候常用 P 作为脱氧剂，但当 P 的含量达到 0.1% 时，严重降低 Cu 的热导率，因此高导热 Cu 规定 P 的含量不能超过 0.001%。

（3）Zn 对铜材性能的影响

Zn 与 Cu 可以形成合金，成为黄铜。黄铜在常温下比紫铜强度高，但导热性比紫铜差。

铜冷却壁本体材质中其他元素含量属于痕量级别，目前尚未有文献对壁体内元素含量和高炉内元素含量对铜冷却壁材质性能的影响作出系统研究。

1.4.3.2　铜材"氢病"现象的研究

O 在铜合金中很少固溶于 Cu。含氧铜冷凝时，O 与 Cu 呈共晶体（Cu+Cu_2O）析出，分布在 Cu 的晶界上。将含氧铜置于含氢气还原气氛中时，氢在高温下渗入铜晶界内，与 Cu_2O 作用，产生高压水蒸气使铜破裂，这种现象称为"氢病"[112]。研究表明，铜材在 820℃、H_2 气氛中退火 20min，当铜材中含氧量在 10ppm 以下时，不会产生晶界裂纹；当含氧量达到 16ppm 时，会产生连续的晶界裂纹；当氧含量达到 20ppm 以上时，会产生严重的晶界裂纹[113]。另一些研究表明，100g 含 O 0.01% 的 Cu 在 H_2 或者 CO 气氛中退火，能生成 14mL 的气体（H_2O、CO_2），这些气体不溶于铜，将在晶界处聚集产生高压，破坏铜材质[114]。中南大学一些学者对氧在铜材内的存在状态进行了研究，认为 O 在固态 Cu 中的存在状态有以下三种：固溶于 Cu 或内吸附于 Cu 的晶界或其他缺陷处；Cu_2O；其他金属或非金属氧化物或夹渣[115]。他们认为，以第一种和第三种形式存在于固态 Cu 中的 O 是非常有限的，O 在固态 Cu 内的主要存在形式是 Cu_2O。由于"氢病"现象是铜材破坏的重要影响因素之一，我国已经制定了检验铜材"氢病"现象的国家标准[116]。

文献 [112] 及 [113] 指出，铜材出现"氢病"现象需要满足三个条件：铜材具有一定的含氧量；较高的温度；还原性气氛。铜冷却壁在高炉内工作时，是可以满足上述条件的，因此有必要对铜冷却壁产生"氢病"现象的可能性及其影响因素进行研究。

1.4.4　铜冷却壁稳定挂渣的研究

铜冷却壁热面稳定挂渣是一个亟须解决的问题，而该问题目前理论研究较少。文献 [94] ～ [104] 从操作的角度阐述了铜冷却壁热面挂渣的影响因素，并提出控制合适的边缘气流、采用合理的布料制度和冷却强度等操作措施来保证冷却壁热面稳定挂渣。文献 [97] 和 [98] 开发了铜冷却壁渣皮厚度监测模型，利用铜冷却壁冷却水温差和一维导热公式计算铜冷却壁热面渣皮厚度，并投入工业应用。北京科技大学吴桐、程素森等开发了三维铜冷却壁渣皮厚度计算模型，利用传热学反问题方法计算渣皮厚度，并在国内多家钢铁企业应用[117~119]。日本一些冶金工作者提出采用超声波测厚技术测量铜冷却壁热面渣皮厚度的方法并成功应用[120,121]。欧洲钢铁企业则采用在铜冷却壁热面布置大量热电偶的方式来监测铜冷却壁热面工作状况[122,123]。河北理工大学季秀兰、刘增勋、吕庆等利用 ANSYS 软件计算了高炉冶炼钒钛磁铁矿时铜冷却壁热面挂渣情况，结果表明：冶炼钒钛磁铁矿时，渣中铸铁含量较高，提高了渣皮的导热性能，导致渣皮变厚并频繁脱落[124]。刘增勋、李哲等利用 ANSYS 软件的生死单元技术模拟了铜冷却壁内渣皮生成、脱落及再生成的过程，其结果表明：在铜冷却壁上，渣皮生长速度与时间成幂函数关系，在渣皮脱落初期，渣皮生长较快；随着挂渣时间的延长和渣皮厚度的增加，渣皮生长速度减慢；铜冷却壁表面不同位置渣皮生长速度有较大的差异[125]。

1.4.5　铜冷却壁传热计算模型的研究

采用数值计算的方法研究铜冷却壁的传热性能和不同工况下的力学性能

是一种改进冷却壁设计和应用的重要手段。国内外许多专家学者对铜冷却壁的传热计算及应力计算模型进行了研究[59,61,93,126~130]。文献［127］提出了一种典型的铜冷却壁三维传热计算模型，模型示意图如图 1-18 所示。这一类模型需假设冷却壁传热计算时存在两种边界条件：对流边界条件，包含铜冷却壁热面与炉气交界处、冷却水与水管壁、冷却壁冷面与空气交界处；绝热边界条件，包含铜冷却壁上下表面和两个侧面。

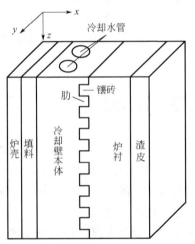

图 1-18　铜冷却壁传热三维计算模型

国内一些研究者认为，铜冷却壁传热计算的关键在于确定铜冷却壁热面与炉气的复合换热系数[131]。笔者曾在铸铁冷却壁上开展过复合换热系数计算的研究工作，证明了该系数对于冷却壁传热计算的重要性[132,133]。文献［131］通过热态试验对冷却壁热面复合换热系数进行了研究，并将所得出的复合换热系数公式用于数值计算，铜冷却壁热面数值计算的结果均高于热态试验结果 70~130℃，即计算结果不可信，分析认为产生误差的原因是铜冷却壁热面复合传热系数未考虑温度的影响[134]。因此，优化铜冷却壁传热计算模型，尤其是优化冷却壁与炉气交界面处边界条件，考虑炉气温度变化对该系数的影响是非常有必要的。

第 **2** 章

铜冷却壁
破损原因

2.1
国内铜冷却壁损坏实例

　　自 2010 年以来，国内先后有鞍钢、本钢、天钢等多家钢铁厂的多座高炉铜冷却壁发生损坏。而 2014 年湘钢两座 2500m³ 级的高炉也发生了铜冷却壁大面积损坏的情况，且其铜冷却壁损坏率达到了 85% 以上。本书 1.4.2 节对国内铜冷却壁损坏的整体情况做了简要的总结，下面以国内两座具体的高炉为例对铜冷却壁损坏情况进行介绍。

2.1.1　国内某 2000m³ 高炉铜冷却壁破损

　　国内某厂 1 号高炉设计炉容 2000m³，设计寿命 15 年，该高炉于 2004 年 2 月 29 日投产，2010 年 7 月停炉中修后于 2010 年 11 月再次投产，至 2011 年 8 月因冷却壁大量破损而再次停炉中修。

　　如图 2-1 所示，该高炉在炉腹、炉腰及炉身下部共采用 3 段（第 6~8 段）PW 进口连铸坯铜冷却壁。其中，第 6 段铜冷却壁总高 3360mm，在距离该段冷却壁顶部 985mm 的地方存在折点，折点以下位于炉腹处，折点以上部分位于炉腰；第 7 段铜冷却壁总高 2770mm，在距离底部 985mm 的地方存在折点，折点以下位于炉腰，折点以上位于炉身；第 8 段铜冷却壁总高 2770mm，位于炉身部位。这 3 段铜冷却壁壁厚均为 115mm，燕尾槽深度

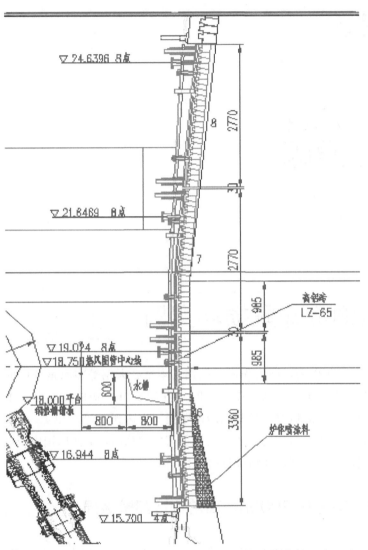

图 2-1　国内某厂 1 高炉炉腰、炉腹至炉身下部结构设计

40mm，燕尾槽内镶嵌 150mm 厚高铝砖。在炉型设计上，该高炉操作炉身角为 85.09°，而炉腹角为 86.92°。该高炉冷却水软水总水量 4400m³/h，其中冷却壁水量 3700m³/h，进水温度 40±1℃，水温差 4～5℃，夏季受到气温影响，最高供水温度达 48℃。而该高炉在生产过程中炉料结构波动较大，其中球团矿配比最高达到 22%。

该高炉停炉后，从高炉内部观察铜冷却壁破损情况发现：铜冷却壁破损部位主要集中在第 6 段冷却壁的上部约 1.5m 至第 7 段冷却壁下部 1m 的区域，即炉腰区域，在炉腰圆周方向上形成一圈破损带。除 150♯ 水管附近、60♯ 水管附近、103♯ 水管附近因大面积的断水有烧损痕迹外，其他铜冷却壁磨损较严重，壁体燕尾槽基本磨平，磨损的部位为第 7 段冷却壁膨胀缝所对应的下方 6 段冷却壁中间部位（吊装孔方向），且由吊装孔向两侧磨损减轻，如图 2-2 所示。同时，铜冷却壁损坏也是从冷却壁中部水管开始，很少出现两侧水管先坏的情况。8 段铜冷却壁保存较完好，冷却壁及镶砖均未发生损坏。冷却壁拆下后测量发现，6 段铜冷却壁上部磨损后剩余厚度为 45～50mm，而 7 段冷却壁下部磨损后剩余厚度为 60mm 左右。统计至 2011 年 8 月，该高炉有 74 根水管磨损漏水（仍有部分未统计出），占水管总数的 45%。

图 2-2　国内某厂 1 号高炉铜冷却壁典型破损情况

值得注意的是，该高炉为配合炼钢厂倒炉检修和烧结机年修，于 2011 年 11 月 12 日开始"焖炉"15 天。在"焖炉"期间又发生冷却壁大面积破损，大量向炉内漏水，导致高炉送风时恢复困难。在该高炉"焖炉"期间，逐渐减小了冷却水量，冷却强度降低较大，其"焖炉"期间冷却水量控制如表 2-1 所示。

表 2-1　国内某厂 2000m³ 高炉"焖炉"期间水量记录

减水时间	软水流量/(m³/h)	软水进、出水温差/℃	软水进水温度/℃
12 日 8 时	2706	3	42
12 日 15 时	1405	2	34
13 日 10 时	1030	1	29
14 日 11 时	500	1	26

2.1.2　国内某 3200m³ 高炉铜冷却壁破损

国内某厂 2 号高炉于 2006 年 5 月 2 日投产，2011 年 2 月 15 日因冷却壁破损严重而被迫停炉中修。该高炉有效容积 3200m³，炉缸直径 12.69m，炉腰直径 14.2m，炉喉直径 9.3m，炉缸高 4.9m，炉腹高 3.6m，炉腰高 2.8m，炉身高 17.2m，炉喉高 2.1m，死铁层深 2.6m，炉腹角 78.155°，炉身角 81.932°，高径比 2.155，设置 4 个铁口和 32 个风口。该高炉采用炉体全冷却壁方案，炉底至炉喉钢砖下沿共设置 16 段冷却壁，其中第 6～10 段为铜冷却壁，由下至上各段冷却壁冷却水串级使用。该高炉每段设置 48 块冷却壁，每块冷却壁有 4 根进出水管，冷却水速约 2.4m/s，合计冷却水量 5900m³/h。炉底与风口大套采用软水串级冷却，冷却水量合计 340m³/h；风口二套采用软水冷却，水量 490m³/h；风口小套、炉顶打水、炉喉钢砖、十字测温、炉喉下光面冷却壁采用高压工业水冷却，系统合计冷却水量 1550m³/h。2011 年 5 月 2 日，该高炉首次发现铜冷却壁破损，从 5 月到 9 月破损较少，共 6 根。但从 10 月开始，呈现加速破损的趋势，基本上 10 天能达到 7 根左右。截至 2012 年 2 月 16 日该高炉停炉，高炉铜冷却壁破损共 55 块，其中第 6 段破损 5 块，第 7 段破损 45 块，第 8 段破损 5 块，第 9 段破损 3 块，第 10 段破损 2 块，主要破损区域集中在第 7 段，该段铜冷却壁的热面基本上磨成光滑形态，损坏的冷却壁水管已露出，且该段冷却壁有 3 块已完全烧损脱落，脱落位置均为集中损坏的冷却壁部位。第 6～8 段铜冷却壁破损整体情况如图 2-3 所示，其主要的破损形式为冷却壁中央"沟槽式"磨损损坏，如图 2-4 所示。

图 2-3　国内某厂 2 号高炉第 6～8 段铜冷却壁破损整体情况

图 2-4　国内某厂 2 号高炉第 6～8 段冷却壁典型破损情况

2.2
铜冷却壁损坏的共性特征分析

目前国内已经出现的铜冷却壁热面大面积损坏情况分析表明，铜冷却壁热面大面积损坏有以下几点共性特征：

① 由于采用不同材质及加工方式的铜冷却壁均出现了热面大面积损坏的情况，因此冷却壁破损原因与冷却壁制造方式关系不大。以国内另一厂家 1、2 号高炉为例，两座高炉均采用德国 KME 公司制造、材质及加工工艺均相同的铜冷却壁，由于 2 号高炉因阀门损坏有过停水的经历，结果 2 号高炉铜冷却壁出现热面损坏问题，而 1 号高炉未出现类似问题。

② 铜冷却壁热面大面积破损均集中在一段较短的时间内。出现铜冷却壁热面大面积损坏的 3 座高炉，其铜冷却壁大量损坏均集中在很短的一段时间内，因此可以排除正常的炉料下降磨损及煤气流冲刷造成损坏的可能，而 2.1 节所述的 $2000m^3$ 高炉是在"焖炉"期间发生铜冷却壁损坏，期间并无

炉料下降。

③ 热面大面积损坏的冷却壁均由于某种原因出现过短时间内冷却壁热面热负荷过大，冷却强度严重不足的情况。

④ 严重损坏的部位均集中在炉腰位置，有明显的区域性。

而对于铜冷却壁出现大面积破损的原因，目前主要存在"氢病"破坏壁体材质、Zn破坏壁体材质及炉型结构不合理三种观点，2.3～2.5节对三种因素对铜冷却壁的破坏作用均进行了分析。

2.3
"氢病"现象对铜冷却壁破坏作用分析

文献表明，铜材只有在同时满足温度超过临界值、材质含氧量达到一定程度，且工作于还原性气氛时，才会出现"氢病"现象。因此，本节对铜冷却壁在正常情况及特殊情况（"焖炉"）下铜冷却壁温度场进行了对比计算，并对破损铜冷却壁中O、H的存在情况进行了分析，同时对破损铜冷却壁的微观形貌进行了观察，以明确"氢病"现象对铜冷却壁的破坏作用。

2.3.1 铜冷却壁本体温度因素的影响[135]

本书以2.1.1节中所介绍高炉的炉腰段冷却壁为计算对象，考虑到冷却壁对称性及简化计算，采用ANSYS软件选取冷却壁1/4部分建立该冷却壁三维稳态温度场计算模型。该模型包含炉壳、填料层、冷却壁本体及镶砖，由于所研究工况为冷却壁极限工作条件，因此冷却壁热面不挂渣。模型边界条件设置如下：

① 炉壳冷面与空气间对流换热；

② 冷却壁热面与炉气间对流换热；

③ 冷却水与壁体间为强制对流换热；

④ 模型对称面及冷却壁侧面、底面为绝热面。

利用该模型分别计算了冷却壁在1200℃炉气环境下工作时，正常冷却条件（冷却水流量3700m^3/h，折合水速2.5m/s）及低冷却强度（"焖炉"期间，冷却水量500m^3/h，折合水速0.35m/s）两种条件下冷却壁本体温度分布。两种工况下计算结果如图2-5所示。

由图2-5的温度分布云图可知，在两种工况下，冷却壁温度场分布类

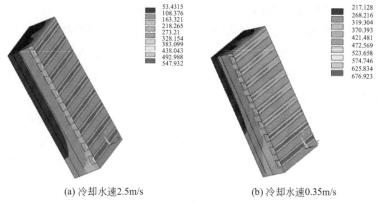

(a) 冷却水速2.5m/s　　　　　(b) 冷却水速0.35m/s

图 2-5　不同水速条件下冷却壁本体温度分布云图

似，即壁体温度较低，镶砖温度较高，且冷却壁高度方向上中部温度低于端部温度。在冷却水速 2.5m/s（即正常冷却）的条件下，由于铜冷却壁具有强大的换热能力，即便是热面无镶砖及渣皮保护，仍能保证其本体温度在 250℃ 以内；而当冷却水速减小至 0.35m/s 时，冷却壁本体部分区域温度超过 300℃，冷却壁端部等冷却盲区位置温度升至超过 400℃。

　　为准确分析冷却壁本体温度变化，取冷却壁上对称面、冷却壁底端以及冷却壁侧对称面三个面，分别绘制其等温线分布图，如图 2-6～图 2-8 所示。

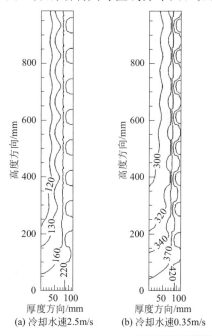

(a) 冷却水速2.5m/s　　　(b) 冷却水速0.35m/s

图 2-6　不同水速条件下冷却壁纵剖面温度分布

由图 2-6 可以明显看出，无论水速为 2.5m/s 或 0.35m/s，冷却壁两端均为其冷却的薄弱环节，这是由于冷却水无法到达壁体端部，该位置冷却强度相对较弱引起的。当冷却水速为 2.5m/s 时，冷却壁本体温度基本维持在 220℃ 以内；而当冷却水速为 0.35m/s 时，冷却壁本体大部分区域温度超过 300℃，其角部温度甚至超过 400℃。

由图 2-7 可知，当冷却壁冷却强度足够时，即便铜冷却壁热面渣皮脱落，其正常冷却部位热面最高温度不超过 200℃，可以保证冷却壁安全工作。而当冷却水速减小至 0.35m/s 时，铜冷却壁热面失去渣皮保护，其热面非边角部位的温度将超过 360℃。

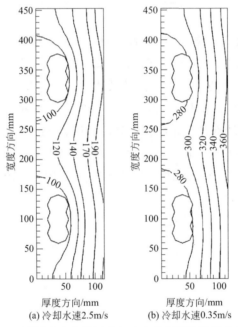

图 2-7　不同水速条件下冷却壁中部横剖面温度分布图

由图 2-8 可知，当冷却水流速为 2.5m/s，冷却壁冷却强度足够时，其端部位最高温度不超过 240℃，而当冷却水速减小至 0.35m/s 时，其端部最高温度超过 420℃。

文献［42］指出铜冷却壁使用过程中，其本体温度超过 250℃ 时抗拉强度下降很快，故将 250℃ 定为铜冷却壁在高炉内峰值热流密度下最高允许使用温度，同时该文献认为铜冷却壁长期的热面工作温度应低于 150℃。因此，在铜冷却壁正常冷却的情况下，是完全可以保证其热面温度在许用温度以下，而当冷却水速减小到一定程度时，其热面温度会远远超出铜冷却壁允

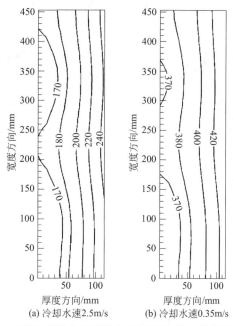

图 2-8　不同水速条件下冷却壁端部横截面温度分布图

许工作温度，造成铜冷却壁本体力学性能迅速下降，在炉料挤压、自身重力及热应力等因素的作用下极易形成塑性变形。

同时，根据资料记载，铜材"氢病"现象对含氧铜的危害与温度有关，在150℃时，因水蒸气处于凝聚状态，不产生 H 对含氧铜的危害，含氧铜在150℃氢气中可放置十年不裂，而在200℃的氢气气氛中经一年半、在400℃的氢气中只经70h就开裂，温度越高，出现"氢病"的趋势越强。因此只要温度条件合适，就有出现"氢病"的可能。

以上分析结果说明，冷却壁在高炉中使用时，当热面渣皮脱落，而冷却强度又严重不足时，其热面温度是完全可以超过370℃的，即"氢病"现象发生的温度因素可以满足。

2.3.2　烧损冷却壁中 O 及 H 含量分析[136]

本小节对前面所述高炉损坏的铜冷却壁进行了取样分析，其中样品 1 位于冷却壁中部损坏严重的"沟槽处"，样品 2 位于冷却壁保存较完整的一端。取样具体位置如图 2-9 所示。

样品取下后，通过线切割的方式在取下的 1、2 号冷却壁样品的热面和

冷面分别切取两组 $\phi 5 \times 5mm$ 的样品，采用 Rosemount Analytical Hanal 氢分析仪分析其 H 含量，分析结果如表 2-2 所示。

图 2-9　取样位置示意图

表 2-2　铜冷却壁样品中 H 含量测定结果

样品编号	1-1-H(热面)	1-2-H(冷面)	2-1-H(热面)	2-2-H(冷面)
H 含量/(mg/kg)	0.60	0.46	0.60	0.42

由表 2-2 可以看出，两组样品中 H 含量均呈现出热面高、冷面低的趋势，笔者认为这是由 H 的扩散引起的，煤气流中的 H_2 由热面进入冷却壁后向冷面扩散，距热面越远，则 H_2 含量越低。

有研究工作表明，铜在 300～600℃ 出现脆性区是其内部杂质 H 引起的。含氧少的铜常含有一定量的 H，在上述温度范围内，试样在拉伸应力作用下，H 从固溶体中析出，并在铜中不致密处（首先是在晶界上）聚集起来，处于高压气体状态，使铜开裂。随着温度的升高，H 又部分或全部固溶于铜，使铜的塑性增高。

表 2-3[110] 显示了纯铜中 H 的溶解度随温度的变化关系，铜的温度越低，其中 H 的溶解度越小，且溶解度随温度下降趋势非常明显。铜冷却壁正常工作温度低于 200℃，由于停水、闷炉等原因使得冷却壁热面温度突然升高时，铜中 H 溶解度升高，再加上高温使得铜中 H 扩散能力增强，可能导致大量的 H 固溶入铜冷却壁中，如 400℃ 时能达到 5.35mg/kg，当温度再次下降时，H 在铜中溶解度变小，并在铜中不致密处（首先是在晶界上）析出并聚集起来，处于高压气体状态，使铜开裂。同时，氢在固态铜中形成间隙式固溶体，可以提高铜的硬度，而其中 H 析出后，铜硬度下降，即其耐磨强度下降，这将有可能加快冷却壁被气流冲刷破坏的速度。

表 2-3　标准大气压下氢在铜中的溶解度

温度/℃	400	500	600	700	800
溶解度/(mg/kg)	5.35	14.27	26.76	43.71	64.24

冷却壁生产过程中，采用 P 作为脱氧剂，铜冷却壁中含有一定量的 P，这将降低铜中 H 的溶解度，加剧上述效应。而实践证明用磷脱氧的铜锭在 400~600℃有明显的脆性区。因为 P 与 H 相似，为表面活性元素，易吸附在铜的晶界上，引起高温脆性。

本书同时采用纳克 ON-3000 氧氮分析仪测定样品中 O 含量，测试结果如表 2-4 所示。

表 2-4　铜冷却壁样品中 O 含量测定结果

样品编号	1-1-O(热面)	1-2-O(冷面)	2-1-O(热面)	2-2-O(冷面)
O 含量/(mg/kg)	19	23	15	17

研究表明，在一定温度下、H_2 气氛下退火 20min，紫铜中氧含量小于 10mg/kg 时，不会产生晶界裂纹；氧含量达到 16mg/kg 时，会产生连续晶界裂纹；氧含量达到 20mg/kg 时，会产生严重晶界裂纹。而烧损铜样品检测结果表明，1、2 号样品中热面氧含量均大于 19mg/kg，当操作不当导致铜冷却壁热面温度超过工作温度时，有可能导致裂纹出现。

同时，由表 2-4 可以看出，冷却壁样品中热面氧含量比冷面略低，笔者认为这是由于发生了 $Cu_2O + H_2 \rightleftharpoons 2Cu + H_2O(g)$ 反应，热面的 Cu_2O 被 H_2 还原为 H_2O 溢出，使得热面氧含量下降。

2.3.3　烧损冷却壁微观结构观察

在铜冷却壁样品杂质含量检测的基础上，笔者对样品的显微结构进行了观察。如图 2-10(a) 所示，在冷却壁表面存在大量的长条状微小裂纹。而图 2-10(b) 表明，裂纹长度为 3~6μm，宽度为 1~2μm，且这些长条状裂纹在一端或者两端呈现出尖细状态，本身有可能进一步发展。同时，如果冷却壁受到热应力的作用出现拉伸或者压缩，则极有可能在这些裂纹位置首先开裂，形成大的裂纹，甚至导致冷却壁宏观开裂、漏水。

铜样品在电镜下的背散射电子图像表明，样品裂纹位置成分与其他位置差别很大，为确定其成分，对典型裂纹处进行了 EDS 扫描，以确定其各元素含量。扫描位置如图 2-11 中"+"位置所示，扫描结果表明，裂纹位置含有一定量的 O 和 Cu，O 与 Cu 原子比及质量比如表 2-5 所示。

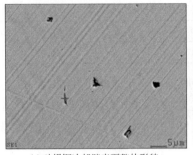
(a) 破损铜冷却壁表面整体形貌

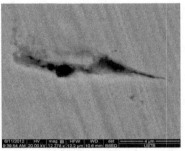
(b) 裂纹形貌

图 2-10　破损铜冷却壁微观形貌

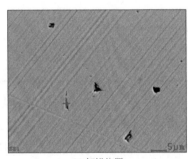
(a) 扫描位置

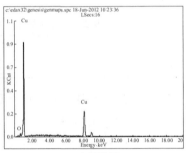
(b) 扫描结果

图 2-11　裂纹处 EDS 扫描位置及结果

表 2-5　裂纹位置 O、Cu 定性比例

元素	wt%（重量百分比）	at%（原子百分比）
O	2.96	10.08
Cu	97.04	89.20

对样品上没有裂纹的位置进行 EDS 扫描，结果表明，无裂纹的位置未检测到 O。无裂纹扫描位置及其能谱图分别如图 2-12（a）和图 2-12（b）所示。

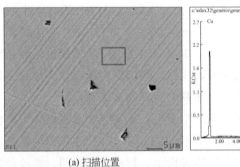
(a) 扫描位置　　　　　　　　　　　　　(b) 扫描结果

图 2-12　无裂纹位置 EDS 扫描位置及结果

上述 EDS 扫描结果表明，冷却壁内存在裂纹的位置与正常位置相比含有大量的 O。为确定裂纹位置元素含量的变化趋势，对裂纹位置进行了 EDS 线扫描。图 2-13(a) 中白线位置为线扫描路径，左端为扫描起始点。由图 2-13(b) 中扫描结果可以看出，在未产生裂纹的位置，Cu 含量明显高于 O，且越靠近裂纹位置，O 相对含量越高，说明在裂纹位置有大量的 Cu 的氧化物存在。

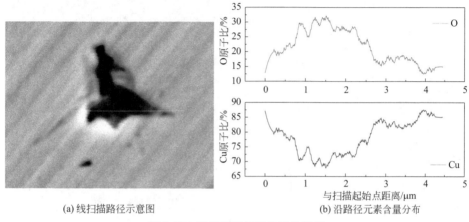

(a) 线扫描路径示意图   (b) 沿路径元素含量分布

图 2-13 裂纹处线扫描位置及结果

根据以上试验结果分析可知，铜冷却壁在还原性气氛中工作时，冷却壁中 O 在一定温度条件下可与渗入的 H 结合成为高压 H_2O 蒸气，在晶界处聚集，产生微小裂纹，进而使铜材的抗磨性、导热性等性能降低而引起铜冷却壁破坏。同时，高炉炉内 H_2 经过热面向冷却壁内渗透，由于温度的大幅度变化而导致溶解度急剧变化，当冷却壁温度下降时，冷却壁内溶解的 H 在晶界处析出，聚集成为高压蒸气，使冷却壁在晶界处开裂，降低冷却壁抗磨性及热导率，这是冷却壁热面大面积损坏的另一个重要原因。为证明上述观点，笔者设计了高压充氢反应釜，模拟高炉环境对铜冷却壁样品进行了渗氢处理。在炉气温度 400℃，氢气质量分数 20%的条件下渗氢 10h 后，铜冷却壁中原 Cu_2O 聚集位置形貌发展了明显的变化，由不规则的圆形或椭圆形孔洞逐渐发展成了沿晶界扩展的线条状微裂纹，如图 2-14 所示[137]。

上述结果表明，当高炉操作不当而导致冷却壁热面温度高出安全工作温度时，有可能由于出现"氢病"现象而导致铜冷却壁在短时间内大面损坏。因此，在铜冷却壁使用过程中，需要提出一套完整的工作制度，严格控制其热面温度，防止"氢病"现象的发生，以延长冷却壁的使用寿命。

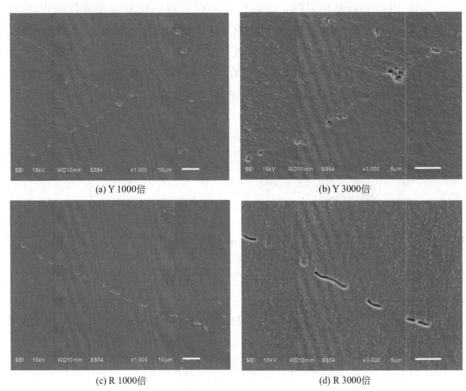

(a) Y 1000倍   (b) Y 3000倍

(c) R 1000倍   (d) R 3000倍

图 2-14　原样 Y 及渗氢处理后试样 R 不同倍数二次电子图像

2.4
锌元素对铜冷却壁破坏作用分析[138]

　　部分德国专家在考察国内某厂 1、2 号高炉铜冷却壁损坏情况后认为，该厂的铜冷却壁大量损坏与锌元素对铜的破坏作用有关，但并没有相关的试验支持。

　　锌在铁矿石中一般以氧化物或硫化物的形式存在，其含量一般较少，在烧结矿中则以铁酸锌的形式存在。国内多家钢铁企业的锌平衡计算结果表明，高炉中的锌一般主要来自烧结矿，尤其是近年来原燃料质量的恶化，导致烧结矿带入高炉内的锌含量逐渐升高。

　　在标准状态下，当温度大于 1199℃ 时，ZnO 可被金属铁还原，生成单质锌和 FeO，其反应方程式如下：

$$ZnO+Fe\Longrightarrow Zn+FeO \qquad \Delta G=202674.5-137.482T,J/mol \quad (2-1)$$

在高炉的实际生产条件下，上述反应发生的温度更低，因此 ZnO 大部分在高炉温度大于 900℃的炉身下部和炉腰区域被还原，生成锌蒸气，少量 ZnO 随炉渣排出；锌蒸气随煤气流往上运动，在炉身中上部被氧化生成 ZnO，一部分 ZnO 随炉尘排出炉外，一部分 ZnO 吸附在矿石和焦炭上，随炉料下降在炉身下部和炉腰区域又被还原，形成了锌在炉身下部和炉腰区域的循环富集。而国内外高炉解剖相关结果也表明锌主要在炉身下部及软熔带上部区域进行循环富集，其循环富集示意图如图 2-15 所示。

由此可见，当铜冷却壁热面渣皮脱落时，冷却壁本体有机会直接与高温的 Zn 蒸气接触，故研究锌元素与铜的相互作用是有必要的。

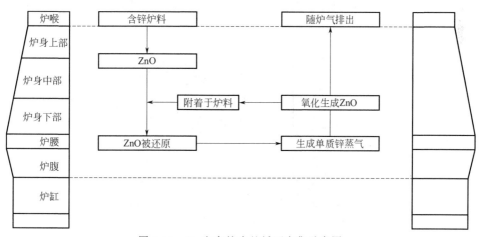

图 2-15　Zn 在高炉中的循环富集示意图

2.4.1　试验设备及方法

本书采用真空管式炉进行锌元素与铜冷却壁本体相互作用的试验，具体试验步骤如下：

① 采用线切割方式将用于铜冷却壁制造的紫铜样品块加工成边长 15mm 的正方体试样块，试样块 6 个面磨平后进行抛光处理。

② 将高纯锌粉末铺满石墨坩埚底部（石墨坩埚尺寸为：内径 30mm，壁厚 8mm，高 70mm），将试样块置于石墨坩埚正中，并在铜块周围加入锌粉末，保证铜块被锌粉末完全包围。共加入锌粉 50g，经计算可确保锌全部融化后将铜包裹。

③ 将石墨坩埚置入管式炉内，通入氮气保护，氮气流速 3L/min，预计

空气排完后开始升温，升温至 600℃后保温 5h，然后在氮气气氛保护下降温至室温，停止通氮气，取出样品。

④ 将样品从中间剖开，在电镜下观察结果。

2.4.2 试验结果及分析

试验后铜试样宏观形状如图 2-16 所示。由于 Zn 的熔点为 419℃，而试验中试样及锌粉在 600℃下保温，因此所加锌粉在试验过程中全部熔化将铜试样完全包裹。从剖开后的试样截面可知，试验后紫铜块形状发生了较大变化，试样由原始的边长 15mm 的正方体变为不规则形状，其截面最窄位置仅剩余 12mm。用肉眼可以观察到在铜和锌的界面处形成一个明显的带状区域，厚度约 1.5mm。

图 2-16　试验后试样宏观形状

为确定铜锌交界面带状区域，将该试样粗磨后置于电子显微镜下观察其微观结构及成分。

图 2-17 为试样 70 倍背散射电子图像，在该图中，存在四个颜色有明显区分的区域。由于背散射电子图像中颜色差异表示成分的不同，因此图 2-17 表示在试样与锌的交界面处存在 4 个有明显成分差异的区域，如图中 A、B、C、D 区域所示。在该图中，A 区域为 Zn，D 区域为 Cu。为分析各区域差异，采用 EDS 对各区域成分进行了分析。

由图 2-18 所示的各区域 EDS 扫描结果可知，在试样有成分差异的四个区域内，A、B、C 区域是 Cu 和 Zn 共存区域，而 D 区域为纯铜。在各区域内均有少量的 O 存在，分析认为是试验过程中，锌粉末内部空气无法完全排出而导致部分 Cu 及 Zn 被氧化形成的。由 EDS 测定的各区域 Cu 及 Zn 含

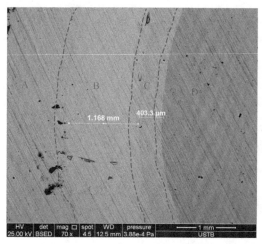

图 2-17　试验后试样微观形貌

量列于表 2-6 中，由表可知，由 D 区域到 A 区域，Cu 含量逐渐降低，而 Zn
含量逐渐上升，即离铜块中心越远的地方，Cu 的含量越低。同时，随着区
域内 Zn 含量的增加，O 含量也呈现上升趋势，这是由于 Zn 比 Cu 更易氧
化，在 Zn 含量高的区域，更多的 Zn 被氧化导致的。

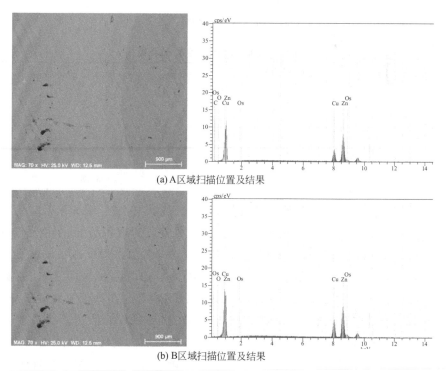

(a) A 区域扫描位置及结果

(b) B 区域扫描位置及结果

图 2-18

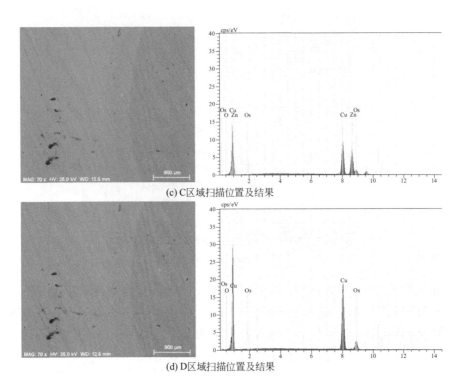

(c) C区域扫描位置及结果

(d) D区域扫描位置及结果

图 2-18　不同区域 EDS 扫描位置及结果

表 2-6　各区域 EDS 元素含量检测结果

区域	Zn 含量		Cu 含量		O 含量	
	wt%	at%	wt%	at%	wt%	at%
A	70.13	69.94	23.83	24.45	6.04	5.61
B	64.64	64.58	29.19	30.00	6.17	5.42
C	46.77	46.34	48.17	49.11	5.07	4.55
D	0	0	94.82	97.40	5.18	2.6

　　上述能谱检验结果说明，在 A、B、C、D 四个区域，铜元素及锌元素含量均有明显的差异，并表现出一定的规律性。为准确分析两种元素在 Cu-Zn 交界面的分布规律，本书采用 EDS 线扫描的方法对 Cu-Zn 交界面处的元素分布规律进行了研究。图 2-19(a) 中白色箭头所指路径即为线扫描路径，该路径起点为 A 区域中部，终点为 D 区域内部，在该径上共扫描 300 个点以获取各位置元素分布，线扫描结果如图 2-19(b) 所示。

　　由图 2-19(b) 可明显看出，由 D 区域到 A 区域，随离开 D 区域距离的增大，即随离开铜块距离的增大，Cu 含量逐渐下降，而 Zn 含量逐渐升高。

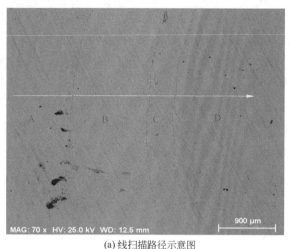

(a) 线扫描路径示意图

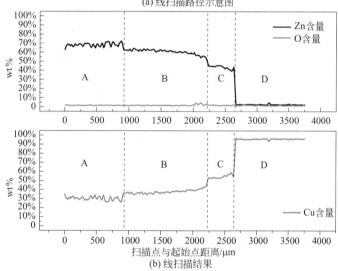

(b) 线扫描结果

图 2-19　线扫描路径及结果

在各区域内部，两种元素的含量比例有微小的变化，而在各区域交界面处，两种元素的含量则会发生突变。在 D 区域内，由区域中心至区域边缘，Cu含量基本不变（96％左右），Zn 含量维持在 2.5％左右，而当由 D 区域进入C 区域时，Cu 含量由 96％左右突变为 58％左右，而 Zn 含量则由 2.5％左右突变至 40％左右。进入 C 区域后，随着离开铜块距离的变远，Cu 含量继续下降，Zn 含量继续上升，由 C 区域右侧边缘至左侧边缘，Cu 含量由 58％逐渐降低至 53％，而 Zn 含量则由 40％上升至 46％。当由 C 区域进入 B 区域时，Cu 及 Zn 含量均再次发生突变，Cu 含量由 53％降低至 42％，Zn 含

量由 46％上升至 56％。进入 B 区域后，由 B 区域右侧至 B 区域左侧，Cu
含量由 42％降低至 36％，而 Zn 含量由 56％升高至 62％左右。由 B 区域进
入 A 区域时，两种元素含量仍发生突变，但突变量较小，Cu 含量由 36％突
变至约 31％，而 Zn 含量则由 62％上升至 69％左右。在 A 区域内部，Cu 含
量逐渐降低至 29％左右。

为确定上述各区域合金成分，利用 FactSage 软件计算了 Cu-Zn 合金相
图。如图 2-20 所示，当 Cu-Zn 合金冷却至室温时，在 Zn 含量 29％～64％
范围内共存在 4 个相区，各区域成分与试验样品中各区域 Cu 含量对比列于
表 2-7 中。

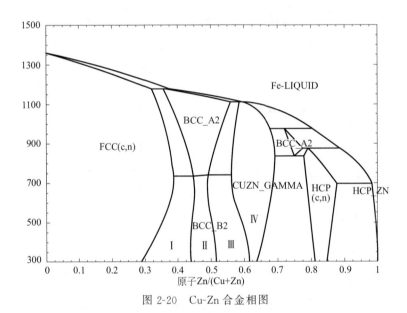

图 2-20　Cu-Zn 合金相图

表 2-7　试样与相图中 Cu 含量对比

区域	D（Ⅰ）	C（Ⅱ）	B（Ⅲ）	A（Ⅳ）
试样中 Cu 含量/％	100～57	57～49	49～39	39～36
相图中 Cu 含量/％	100～60	60～54	54～38	38～32

由图 2-20 及表 2-7 可知，试样中 A、B、C、D 区域分别对应于相图中
Ⅳ区域及其右侧、Ⅲ区域、Ⅱ区域、Ⅰ区域及其左侧，在不同区域内形成不
同种类的 Cu-Zn 合金。其中，D 区域内虽然含有少量的 Zn，但其含量维持
在 2.5％左右，不随离开铜块中心的距离发生变化，因此分析认为此区域的
Zn 是由磨样过程中带入的，即可认为此区域为纯铜，而 D 区域与 C 区域的
交界面即为纯铜块与熔融的 Zn 的交界面。则根据各区域元素分布特点，可

推测在试验过程中，由于保温温度为600℃，Zn熔化为液态（熔点419℃），而Cu仍为固态（熔点1083℃），铜块被熔化的液态锌包围时，铜原子向Zn液中大量扩散，并因不同位置Cu含量不同而形成不同种类的Cu-Zn合金，而Zn未能向Cu中扩散。

由此可以推知，在一定温度条件下，Zn的存在对铜材有一定的破坏作用，考虑到高炉内铜冷却壁工作环境，故认为Zn对铜冷却壁的破坏机理如图2-21所示，具体破坏过程描述如下：

① 由炉料代入的Zn的氧化物、硫化物等在炉腰、炉腹位置被还原而成为单质Zn蒸气；

② 铜冷却壁热面渣皮由于原料结构变化、炉况波动、冷却制度不足的问题而脱落，铜冷却壁热面直接与含Zn蒸气的炉气接触，Zn蒸气在铜冷却壁表面凝结；

③ 铜冷却壁表面Cu原子穿过Cu-Zn交界面向凝结的Zn层内大量扩散，形成Cu-Zn合金（黄铜）；

④ 所形成的Cu-Zn合金热导率较低且力学性能较差，在炉气、炉料冲刷作用下整体或逐层剥落，裸露的铜冷却壁表面再次与Zn蒸气接触。

⑤ 循环进行②～④过程，铜冷却壁厚度逐渐减薄。

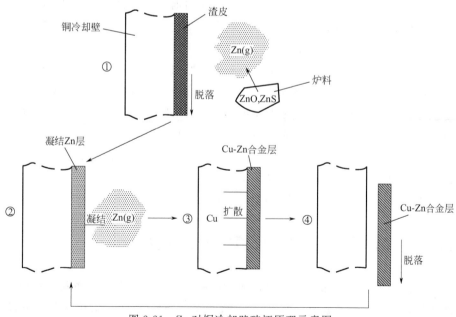

图2-21 Zn对铜冷却壁破坏原理示意图

2.5

炉型结构对铜冷却壁寿命影响分析[139]

高炉炉型结构对高炉炉料的顺行、煤气流的顺利运动、煤气的化学能及热能利用均有着很大的影响，同时合理的炉型结构有利于避免炉衬异常侵蚀，延长高炉寿命。我国的高炉炉型结构发展主要呈现以下特征：

① 高径比缩小，即高炉逐渐由"高瘦型"向"矮胖型"发展。

② 炉身角 β 及炉腹角 α 均缩小，且二者趋于接近。现代大型高炉的炉身角一般为 $79°\sim81°$，而炉腹角为 $74°\sim80°$。

在应用铜冷却壁以前，高炉炉腰、炉腹及炉身部位砖衬通常较厚，依据设计炉型建造的高炉投产后，炉衬受到操作因素的影响而出现不同形状的侵蚀，形成不同的操作炉型，合理的操作炉型可使高炉操作指标及寿命达到较高水平，即传统的厚壁高炉可通过后天操作来弥补先天设计上的不足。而铜冷却壁广泛应用以后，形成了所谓的"薄壁高炉"结构，在冷却壁热面仅镶嵌有 $120\sim150mm$ 厚度的炉衬，因此炉衬厚度减薄对其炉型结构影响不大，即其设计炉型即为操作炉型。由此可知，应用铜冷却壁后，对高炉的设计水平要求更加苛刻。而实际上，我国高炉铜冷却壁推广使用后，在炉型结构设计方面并没有实质性的进步。

国内一些专家分析铜冷却壁大面积烧损原因后认为，铜冷却壁出现大面积损坏与炉型结构的不合理有较大关系。持此观点的专家认为，当前铜冷却壁损坏的高炉均存在炉腹角过大而炉身角过小的问题，这将导致边缘煤气流对冷却壁热面冲刷加剧，造成铜冷却壁过早损坏。

因此，为研究炉型结构对铜冷却壁寿命的影响，笔者利用 Fluent 软件建立了高炉煤气流分布模型，计算了炉腹角、炉身角变化条件下冷却壁表面煤气流分布情况，以确定不同炉型结构对煤气流分布的影响。

2.5.1 高炉煤气流分布计算模型的建立

在高炉煤气流分布计算方面，前人已做了大量的研究工作并取得了较好的效果。日本有学者建立了考虑气、固、液三相传输的煤气流分布数学模型，并考虑了炉内发生的化学反应及相间传热现象[140]；Yagi 与 Austin 等[141,142] 建立了一种考虑气、固、液及粉粒的四相模型，可准确计算高炉内的温度场及煤气流分布；而部分学者在此基础上发展出考虑炉气、炉料、粉尘、炉渣和铁水的五相流计算模型，计算结果更加准确[143]；张雪松等[144]采用有限差分法建立了一种可考虑炉料直径、阻力系数、炉料堆角、料层厚度等影响因素的煤气流分布计算模型，计算结果更加符合高炉实际。

然而，这些煤气流分布计算模型大多关注炉内炉料、煤气等各相间的传质、传热现象，并未涉及炉型结构因素。而本节主要考察炉型结构对煤气流分布的影响，因此忽略炉内各相间的相互作用，并考虑高炉结构的对称性，作出如下假设：

① 所建立高炉煤气流分布模型为二维稳态模型，高炉沿其中心线为对称结构，取高炉纵剖面的一半为计算域；

② 本模型考虑矿石、焦炭等炉料粒度的变化，且炉料下降速度恒定；

③ 本模型考虑软熔带位置及形状的影响，但不考虑高炉内的传热过程；

④ 高炉内焦炭层、矿石层及软熔带分别考虑为孔隙度不同的多孔介质；

⑤ 假设煤气流为不可压缩的牛顿流体。

在此基础上建立物理模型即数学模型。

2.5.1.1 煤气流分布数学模型

煤气流分布数学模型主要包括流体力学的连续性方程、动量方程、湍流模型方程、湍动能耗散方程及欧根方程。二维直角坐标系下各方程描述如下：

（1）连续性方程

$$\frac{\partial \rho u_i}{\partial x_i} = 0 \tag{2-2}$$

式中 ρ ——流体密度，kg/m^3；

u_i ——张量表示的时均速度，m/s；

x_i ——i 方向的坐标值，m。

（2）动量方程

$$\frac{\partial (\rho u_i u_j)}{\partial x_j} = -\frac{\partial P}{\partial x_i} + \frac{\partial}{\partial x_j}\left[\mu_{\text{eff}}\left(\frac{\partial u_i}{\partial x_j} + \frac{\partial u_j}{\partial x_i}\right)\right] \tag{2-3}$$

式中 u_i, u_j ——i，j 方向的流体速度，m/s；

x_j ——j 方向的坐标值，m；

P ——压力，Pa；

μ_{eff} ——有效黏度系数，$Pa \cdot s$，由湍流模型确定。

（3）k-ε 湍流模型方程

$$\frac{\partial}{\partial x_i}\left(\rho u_i k - \frac{\mu_{\text{eff}}}{\sigma_k} \times \frac{\partial k}{\partial x_i}\right) = G_k - \rho\varepsilon \qquad (2\text{-}4)$$

式中　k——湍流动能，m^2/s^2；

　　σ_k——经验常数；

　　G_k——湍动能产生项；

　　ε——湍流动能耗散率，m^2/s^3。

（4）湍动能耗散方程

$$\frac{\partial}{\partial x_i}\left(\rho u_i \varepsilon - \frac{\mu_{\text{eff}}}{\sigma_k} \times \frac{\partial \varepsilon}{\partial x_i}\right) = (C_1 \varepsilon G_k - C_2 \rho \varepsilon^2)/k \qquad (2\text{-}5)$$

式中，

$$G_k = \mu_t \times \frac{\partial u_j}{\partial x_i}\left(\frac{\partial u_i}{\partial x_j} + \frac{\partial u_j}{\partial x_i}\right) \qquad (2\text{-}6)$$

$$\mu_{\text{eff}} = \mu_1 + \mu_t \qquad (2\text{-}7)$$

$$\mu_t = \rho C_\mu \frac{k^2}{\varepsilon} \qquad (2\text{-}8)$$

式中　　μ_t——湍流黏度系数，Pa·s；

　　　　μ_1——层流黏度系数，Pa·s；

$C_1,C_2,C_\mu,\sigma_k,\sigma_t$——经验常数，采用 Launder 和 Spalding 的推荐值，见表 2-8。

表 2-8　湍动能耗散方程经验常数值

C_1	C_2	C_μ	σ_k	σ_t
1.43	1.93	0.09	1.0	1.3

（5）欧根方程

$$\frac{\Delta P}{H} = 150 \frac{(1-\varepsilon)^2}{\varepsilon^3} \times \frac{\mu}{(\phi d_p)^2}\mu_A + 1.75 \frac{1-\varepsilon}{\varepsilon^3} \times \frac{\rho}{\phi d_p}\mu_A^2 \qquad (2\text{-}9)$$

式中　μ_A——流体按填充床层截面积计算的流速，即空截面流速，m/s；

　　d_p——颗粒直径，m；

　　μ——流体黏度，Pa·s；

　　ϕ——形状颗粒系数。

2.5.1.2　煤气流分布物理模型

在建立数学模型的基础上，笔者依据表 2-9 所示的国内某 1780m^3 高炉实际尺寸建立煤气流分布计算物理模型，如图 2-22 所示。

表 2-9　模型结构参数　　　　　　　　　　　　　　　mm

名称	数值
炉缸直径 d	10668
炉缸高度 h_1	4515
风口中心线至铁口中心线距离 h_f	3395
炉腹高度 h_2	2320
炉腰高度 h_3	1970
炉腰直径 D	11496
炉身高度 h_4	14980
炉喉直径 d_1	7024
炉喉高度 h_5	2000
风口直径	121

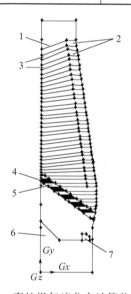

图 2-22　高炉煤气流分布计算物理模型

1—料面；2—矿石；3—焦炭；4—软熔带；5—焦窗；6—死料柱；7—风口回旋区

在该模型中，考虑风口回旋区及死料柱大小对结果的影响，风口回旋区大小及死料柱大小分别由式(2-10) 和式(2-11) 确定：

$$L_R = 0.118 \times 10^{-3} E_b + 0.77, \quad \frac{L_R}{H_R} = K_R \tag{2-10}$$

其中，

$$E_b = \frac{1}{2} \rho_b \frac{V_b}{gn} \left(\frac{4V_b}{\pi n d_b^2} \times \frac{T_b P_0}{273 P_b} \right)^2 \tag{2-11}$$

式中 L_R——风口回旋区深度，m；

$\quad\quad H_R$——风口回旋区高度，m；

$\quad\quad K_R$——风口回旋区形状系数，无量纲，一般取0.6~1.17；

$\quad\quad E_b$——鼓风动能，kg·m/s；

$\quad\quad \rho_b$——鼓风密度，kg/m³；

$\quad\quad V_b$——鼓风流量，m³/s；

$\quad\quad n$——风口数目；

$\quad\quad g$——重力加速度，m/s²；

$\quad\quad d_b$——风口直径，m；

$\quad\quad T_b$——热风温度，K；

$\quad\quad P_b$——鼓风压力，Pa；

$\quad\quad P_0$——大气压，Pa。

2.5.1.3　边界条件

① 炉墙壁面边界条件：在炉墙上接触煤气流的部分，设为无滑移边界条件。

② 入口边界条件：模型入口为高炉风口，设为速度入口，采用高炉风量折算入口速度。

③ 出口边界条件：模型出口为高炉炉喉上沿，设为压力边界，压力值为高炉顶压。

④ 渣铁液面边界条件：模型底部为渣铁液面，液面高度不变，因此在模型高度方向上速度为0，即 $\dfrac{\partial u}{\partial y}=0$；

⑤ 对称轴边界条件：由于模型为轴对称，因此在轴向速度为0，即 $\dfrac{\partial u}{\partial x}=0$。

2.5.2　计算参数的选取及计算方案

计算过程中，所需参数依据该高炉实际参数确定，具体取值列于表2-10。

表2-10　计算参数的参数选择

项目	值
矿石孔隙度	0.42

项目	值
焦炭孔隙度	0.5
死料柱孔隙度	0.01
热风速度/(m/s)	325
炉顶压力/kPa	200
煤气密度/(kg/m³)	1.293
矿石批重/kg	44026
焦炭批重/kg	7973
矿层核算厚度/mm	517.7
焦炭层核算厚度/mm	415.8

在计算方案选择方面，本书主要考察炉型结构变化对煤气流分布尤其是边缘煤气流分布的影响，因此所选取炉腹角、炉身角为变化参数。而对于炉型已经确定的高炉，在实际的生产操作中，可通过增加风口长度，改变风口-炉腰下沿连线与水平线间的夹角来改善煤气流分布，笔者将该角度定义为"等效炉腹角"，并将之列为变化因素之一。实际生产中，软熔带位置变化对煤气流分布亦有很大影响，因此将之列为影响因素之一，并将软熔带根部与炉腹根部高度的差值定义为"软熔带相对高度"，用软熔带相对高度来描述软熔带位置。

根据所考虑因素，并结合国内外高炉设计参数及生产数据，确定各影响因素变化水平，并列于表 2-11 中。在计算某一因素的影响时，其他因素取其特征值。

表 2-11　计算因素及取值水平

因素	炉腹角/(°)	炉身角/(°)	等效炉腹角/(°)	软熔带相对高度/mm
变化水平	74～79	76～80	74～79	815
特征值	76	78	78	815

2.5.3　计算结果分析及讨论

煤气流速取样点示意图如图 2-23 所示，为分析不同炉况下冷却壁面煤气流速变化，在炉内距离离冷却壁面 10mm 处紧贴冷却壁面取一定数量的点（如 30 个），并用该点煤气流速代表冷却壁表面煤气流速。其中取点开始位置为炉腹根部，取点结束位置为炉身下部，如图中虚线所示。

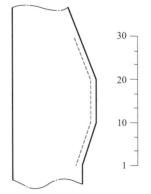

图 2-23　煤气流速取样点示意图

2.5.3.1　炉腹角变化对冷却壁寿命的影响

图 2-24 显示了炉腹角由 74°变化为 79°时（炉身角 78°，等效炉腹角 76°，软熔带相对高度 815mm）冷却壁表面各取样点煤气流速分布情况。图中 1~10 号点位于炉腹段，11~20 号点位于炉腰段，21~30 号点位于炉身下部。由该图可以看出，在煤气流进入炉腹区域后，由炉腹根部至软熔带根部，煤气流速急剧减小；在软熔带位置，由于软熔带的"整流"作用，煤气大都经由焦炭层穿过软熔带，靠近冷却壁面处的煤气流速较小；而经过软熔带区域后，煤气流得到重新分配，壁面处煤气流速逐渐增大；进入炉腰区域后，由于炉腰直径不发生变化，煤气流在此区域流速变化很小；进入炉身区域后，由于炉壳直径逐渐变小，因此煤气流速逐渐增大。同时，由该图可明

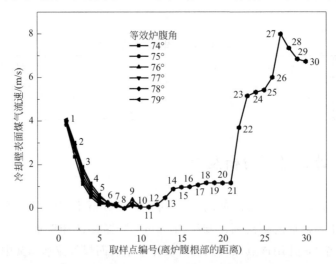

图 2-24　不同炉腹角条件下冷却壁表面煤气流速变化

显看出，炉腹角的变化对炉腹位置软熔带区域以下部分煤气流速影响较大，而对软熔带以上区域的影响则非常微小。在经过软熔带整流之前，随着炉腹角的增大，冷却壁表面相同位置处煤气流速逐渐增大。

　　为准确分析炉腹段煤气流速的变化，将炉腹段煤气流速取值细化，即由炉腹-炉缸折点至炉腹-炉腰折点等距取 30 个参考点，将各工况下冷却壁表面流速取出绘于图 2-25 中。由该图可以看出，当煤气流进入炉腹区域后，因炉腹角的不同，炉腹根部至软熔带根部这一区域的煤气流速有较大差别，炉腹角越小，此区域煤气流速越小〔图 2-25（a）〕。而离开炉腹根部的距离不同，由炉腹角差异所带来的煤气流速差异大小也不相同：在炉腹根部，炉腹角变化对煤气流速影响较小；随着离开炉腹根部距离的增大，炉腹角变化对煤气流速的影响作用逐渐增大；当煤气流继续上行至靠近软熔带根部时，炉

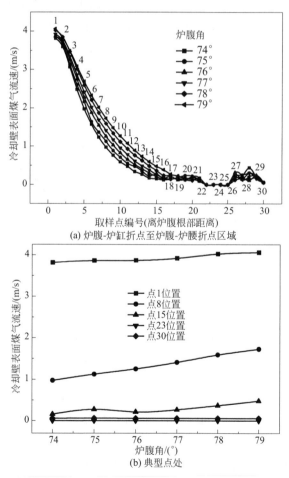

(a) 炉腹-炉缸折点至炉腹-炉腰折点区域

(b) 典型点处

图 2-25　"整流"前炉腹位置煤气流速变化

腹角差异所带来的煤气流速差异又逐渐减小。以炉腹段 8 号取样点为例，如图 2-25(b) 所示，当炉腹角由 74°变为 79°，该位置处煤气流速由 0.97m/s 增加至 1.73m/s，增大了约 78%。

以上的分析说明炉腹角变化对炉腹段冷却壁表面煤气流速有很大影响，较大的炉腹角会使炉腹段冷却壁表面煤气流速过大，进而使煤气流对冷却壁的冲刷作用加强，并导致煤气流与冷却壁之间的换热加强，不利于铜冷却壁稳定挂渣，甚至造成冷却壁冲刷或磨损破坏。

2.5.3.2 炉身角变化对冷却壁寿命的影响

图 2-26 显示了炉身角由 76°增加至 80°时（炉腹角 76°，等效炉腹角 76°，软熔带相对高度 815mm）冷却壁表面各取样点煤气流速分布情况。由该图可知，炉身角变化对炉腹区域（1~10 号点）及炉腰区域（11~20 号点）煤气流速几乎不产生影响，而对炉身段的煤气流则有较大影响。

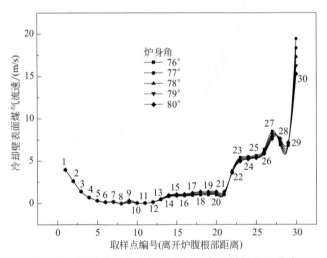

图 2-26　不同炉身角条件下冷却壁表面煤气流速分布

为准确分析炉身角变化对炉身段煤气流速的影响，将炉身段煤气流速取值细化，即由炉腰-炉身折点至炉身中部方向等距取 30 个参考点，将各工况下冷却壁表面流速取出绘于图 2-27 中。由该图可以看出，炉身角越小，炉身中下部区域冷却壁表面的煤气流速越大，且随着煤气流的继续上行，即离开炉身根部的距离越远，炉身角的变化对煤气流速的影响越明显。以 30 号取样点为例，当炉身角由 76°增加至 80°，该处冷却壁表面煤气流速由 19.42m/s 降低至 15.27m/s，降幅约为 21%。这说明过小的炉身角会导致炉身段煤气流速的增加，进而导致煤气流对炉身段冷却壁的冲刷破坏作用和煤气-冷却壁间换热的增强，不利于冷却壁长寿。

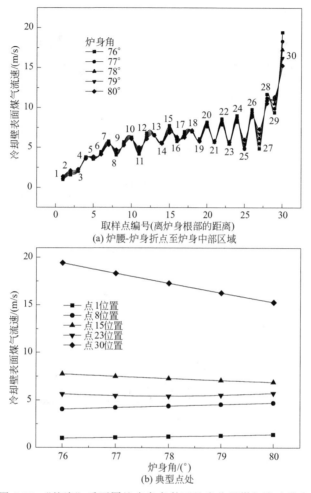

图 2-27 "整流"后不同炉身角条件下炉身位置煤气流速分布

2.5.3.3 等效炉腹角变化对冷却壁寿命的影响

图 2-28 显示了炉腹角为 76°，炉身角为 78°，软熔带相对高度为 815mm 时，等效炉腹角由 74°逐渐增加至 78°时炉腹、炉腰至炉身下部冷却壁表面煤气流速变化趋势。由该图可明显看出，等效炉腹角对炉腹根部区域煤气流速有较大影响，而对软熔带以上区域则基本不产生影响。同样，为准确分析等效炉腹角变化对炉腹段煤气流速的影响，将炉腹段煤气流速取值细化，即由炉腹-炉缸折点至炉腹-炉腰折点等距取 30 个参考点，将各工况下冷却壁表面流速取出绘于图 2-29 中。

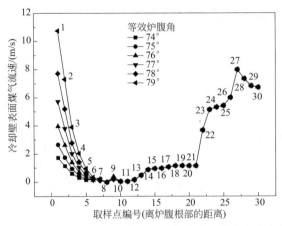

图 2-28　不同等效炉腹角条件下冷却壁表面煤气流速变化

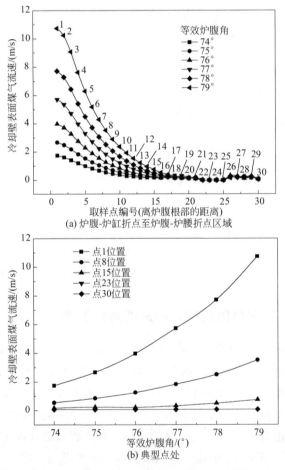

(a) 炉腹-炉缸折点至炉腹-炉腰折点区域

(b) 典型点处

图 2-29　"整流"前炉腹位置煤气流速分布

由图 2-29 可知，等效炉腹角越大，炉腹段冷却壁表面煤气流速越大，这不利于冷却壁寿命的延长。同时，越靠近炉腹根部，等效炉腹角的变化对煤气流速的影响越大。以炉缸-炉腹折点处（点 1 位置）为例，当等效炉腹角由 74° 增加至 79°，该位置冷却壁表面煤气流速由 1.74m/s 增加至 10.73m/s，增大近 5 倍。由此说明当风口-炉腹根部点连线与水平线的夹角，即等效炉腹角过大时，将对炉腹段冷却壁（尤其是该段冷却壁下端）造成严重的冲刷破坏，这与国内铜冷却壁损坏的实际情况是一致的。而通过加长风口，减小等效炉腹角可显著减小煤气流对炉腹区域冷却壁的冲刷作用，保证冷却壁表面稳定挂渣并延长冷却壁寿命。

2.6
本章小结

① 对国内铜冷却壁大面积破损情况进行了详细调查，总结了铜冷却壁破损"短时间内热流过高、破损时间集中、破损位置有明显区域性"的三大共性特征。

② 通过建立数学模型及破损冷却壁解剖对铜冷却壁"氢病"现象进行了研究，结果表明：在异常工况下，铜冷却壁温度可达到 420℃ 以上，高于"氢病"临界温度（370℃）；铜冷却壁材质中氧含量满足"氢病"现象出现条件；氢元素呈现由热面向冷面渗透的趋势；铜冷却壁在冷却强度不足时，满足"氢病"现象出现的三个条件。

③ 通过试验研究了锌元素对铜冷却壁的破坏作用，并提出其破坏机理：炉料中的锌元素被还原形成蒸气，在冷却壁表面凝结，冷却壁中铜原子向凝结的锌层扩散形成合金，造成铜冷却壁厚度减薄，进而造成铜冷却壁损坏。

④ 采用 Fluent 软件建立了不同炉型结构条件下高炉煤气流分布数学模型，分析了炉腹角、炉身角及"等效炉腹角"等条件变化对铜冷却壁表面煤气流分布的影响。结果表明，炉腹角由 74° 增加至 79°，冷却壁表面相同位置处流速可增大 78% 以上；炉身角由 76° 增加至 80°，冷却壁表面相同位置处煤气流速可减小 21%；等效炉腹角由 74° 增加至 79°，冷却壁表面煤气流速将增大 5 倍左右。采用较大的炉身角、较小的炉腹角，并采用长风口以适当减小等效炉腹角，可有效降低煤气流对冷却壁表面的冲刷作用，延长冷却壁寿命。

第 **3** 章

铜冷却壁挂渣
过程数值模拟

　　铜冷却壁是一种无过热的冷却设备，其设计理念是靠在其热面形成稳定的渣皮来保护冷却设备，当铜冷却壁热面没有渣皮存在时，氢元素的渗透、锌等元素的扩散、持续的高温以及炉料、煤气流等的磨损作用等均可能对铜冷却壁造成破坏作用。在设备表面制备高性能强化层是保护设备自身的重要手段，但根据笔者的调研，目前在铜冷却壁表面制备强化层的技术尚不成熟[145]。因此，如何维持铜冷却壁热面存在一定厚度的渣皮是铜冷却壁应用最大的难题。然而，由于铜冷却壁在高炉内工作时其热面状况是不可见的，因此无法直接观测其热面渣皮存在状况，在实际生产中多靠监测铜冷却壁体内测温点温度来推测渣皮脱落和再生过程，而对于不同结构的冷却壁、不同炉况、不同操作条件下渣皮厚度的判断多根据经验进行，并没有形成科学系统的规律。

　　对于铜冷却壁挂渣的研究，多采用数值模拟的方法进行。而以往的研究中，多采用给定渣皮厚度，冷却壁体温度场的方法来分析挂渣的影响。刘增勋等人[124,125]建立了"渣皮熔化迭代分析法"用于分析不同炉况条件下渣皮的凝结厚度，然而该模型并未考虑冷却壁热面与炉气间的复合对流换热系数随温度的变化。

　　本章采用 ANSYS 生死单元技术建立铜冷却壁挂渣计算模型，考虑的冷却壁热面复合对流换热系数随温度变化，从传热学的角度分析了冷却制度、炉况变化、镶砖材质、炉渣性质等多个因素对铜冷却壁本体温度场及挂渣的影响。

3.1

模型建立^[146]

3.1.1 物理模型

本节依据一种在国内多家钢铁企业广泛使用的薄型压延铜板钻孔铜冷却壁建立模型，其结构尺寸如图 3-1 所示。该冷却壁厚度为 115mm（含筋肋），宽 908mm，高 1970mm，在壁体热面共设置 18 个燕尾槽，燕尾槽深度为 40mm，燕尾槽内镶嵌碳化硅结合氮化硅砖，镶砖面积约占整个冷却壁热面的 44.87%。冷却壁采用"四进四出"冷却结构，在冷却壁体内等距钻孔形成 4 个复合孔型的冷却水通道，水管间距 230mm，水通道截面如图 3-2所示。该冷却壁内设置一个热电偶测温点，用于监测壁体温度，该测温点在

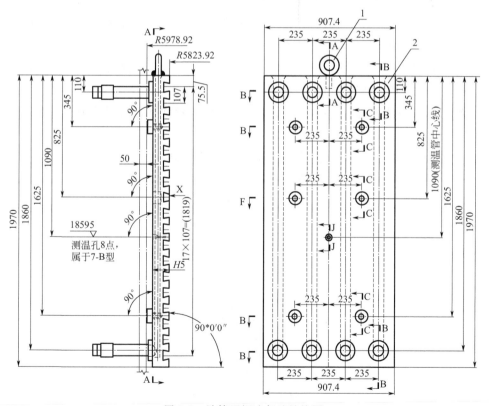

图 3-1 计算用铜冷却壁结构图

高度方向上距离冷却壁上部端面 1090mm，宽度方向上位于冷却壁中心，插入壁体深度 70mm，位于第 9 个筋肋后方。

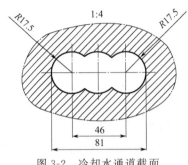

图 3-2　冷却水通道截面

本节模拟此种冷却壁在高炉内实际使用的情况，并做适当假设以利于建立物理模型：

① 冷却壁固定在炉壳上，炉壳与冷却壁体间填充一定厚度的耐火捣打料，忽略固定螺栓、壁体外冷却水管等微小结构；

② 冷却壁热面镶砖已经完全消失，仅在燕尾槽内仍存在镶砖或镶嵌炉渣。

③ 冷却壁热面凝结一定厚度的渣皮（渣皮厚度值由计算确定），认为只要满足传热学条件，渣皮即可存在，不考虑渣皮与冷却壁热面的实际结合能力。

④ 模型不同组成部分间（炉壳与填料层、填料层与壁体、壁体与镶砖等）为理想导热过程，忽略接触热阻；

⑤ 由于高炉炉壳直径很大，壁体宽度相对于炉壳直径很小，因此忽略炉壳及壁体的弧度影响，采用直角坐标系建模。

⑥ 整个冷却壁热面与温度相同的炉气接触，炉壳与温度相同的空气接触，流过冷却水通道表面的冷却水均匀。

⑦ 考虑计算机的运算能力及冷却壁结构的对称性，采用整个冷却壁体的 1/4 作为计算对象。

根据以上假设及简化，所建立的计算物理模型如图 3-3 所示：

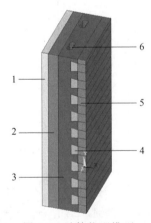

图 3-3　计算物理模型

1—炉壳；2—填料层；3—铜冷却壁本体；4—镶砖（镶渣）；5—渣皮；6—冷却水通道

在 ANSYS 建模过程中，采用冷却壁本体下部端面一角为坐标系原点，冷却壁厚度方向为 x 方向，冷却壁高度方向为 y 方向，冷却壁宽度方向为 z 方向。则物理模型中上部端面（$y=0.985\mathrm{m}$）及 $z=0.454\mathrm{m}$ 面为对称面。物理模型结构尺寸如表 3-1 所示。

表 3-1 物理模型结构参数

项目	数值/mm
炉壳厚度	40
填料层厚度	60
铜冷却壁本体厚度	115
铜冷却壁本体宽度	908
铜冷却壁本体高度	1680
筋肋厚度	40
冷却水通道中心线距壁体冷面距离	70
进水通道(横向)中心线距壁体底部端面距离	110

3.1.2 数学模型及边界条件

3.1.2.1 控制方程

在直角坐标系中，三维传热过程采用如下方程描述：

$$\frac{\partial}{\partial x}\left[\lambda(t)\frac{\partial T}{\partial x}\right]+\frac{\partial}{\partial y}\left[\lambda(t)\frac{\partial T}{\partial y}\right]+\frac{\partial}{\partial z}\left[\lambda(t)\frac{\partial T}{\partial z}\right]+q_v=\rho c\frac{\partial T}{\partial t} \qquad (3\text{-}1)$$

式中　T——传热体系中某点温度，℃；

　　　$\lambda(t)$——材质热导率随温度的变化函数，W/(m·℃)；

x、y、z——直角坐标系坐标方向值，m；

　　　q_v——体系内热源，W/m³；

　　　ρ——材质密度，kg/m³；

　　　c——材质比热容，J/(kg·℃)。

在本模拟计算中，只计算传热体系达到平衡时的温度场分布，不考虑渣的熔化凝固、壁体吸热升温、冷却水吸热升温等缓慢过程，即不考虑温度随时间的变化，因此是一个稳态传热过程，采用简化后的三维稳态传热方程来描述此传热问题：

$$\frac{\partial}{\partial x}\left[\lambda(t)\frac{\partial T}{\partial x}\right]+\frac{\partial}{\partial y}\left[\lambda(t)\frac{\partial T}{\partial y}\right]+\frac{\partial}{\partial z}\left[\lambda(t)\frac{\partial T}{\partial z}\right]=0 \qquad (3\text{-}2)$$

式中　T——传热体系某位点温度，℃；

　　$\lambda(t)$——材质热导率随温度的变化函数，W/(m·℃)；

x、y、z——直角坐标系坐标方向值，m。

3.1.2.2　边界条件

本模型中存在 6 个边界，根据各自传热特点可归为 4 种边界条件。

（1）炉壳与空气间对流换热边界

高炉炉壳直接与空气接触换热，它与空气间实际上存在辐射换热和对流换热两种换热方式。由于低温下辐射换热所占比例不大且辐射换热系数测定困难，因此将辐射换热量等效至对流换热内进行计算，即在炉壳与空气接触面采用等效对流换热来描述传热过程，其数学解析式为：

$$x=-(L_s+L_f), \quad -\lambda\frac{\partial T}{\partial x}=\alpha_s(T-t_a) \tag{3-3}$$

式中　x——直角坐标系 x 值；

　　L_s——炉壳厚度，m；

　　L_f——填料层厚度，m；

　　α_s——炉壳与炉气间的等效对流换热系数，W/(m²·℃)；

　　t_a——与炉壳接触的空气温度，℃。

对于 α_s 值的确定，理论计算及实际测定均比较困难，且炉壳冷面散热量很小，对计算结果影响不大，因此本书中采用前人总结的经验公式[91]计算 α_s 值：

$$\alpha_s=9.3+0.058t_s \tag{3-4}$$

式中，t_s 为炉壳表面温度，℃。

（2）冷却水与铜冷却壁本体间的换热

由于研究的冷却壁为薄型轧制钻孔铜冷却壁，其冷却水通道是在壁体钻孔形成，不存在冷却水管、管-壁间气隙等结构。因此，这种冷却壁在使用时，冷却水与壁体间的换热只存在一个热阻，即水与冷却壁本体的对流换热热阻。冷却水在壁体水通道内流动时与壁体间的热交换为管道内强制对流换热。其数学描述为：

$$-\lambda_c\frac{\partial T}{\partial n}=\alpha_w(T-t_w) \tag{3-5}$$

在式（3-5）中，α_w 值采用如下公式进行计算：

$$\alpha_w=0.023\frac{\lambda_w}{d_e}\times Re^{0.8}\times Pr^{0.4} \tag{3-6}$$

式(3-5) 及式(3-6) 中，α_w——水与管壁间的强制对流换热系数，W/(m^2·℃)；

λ_c——壁体热导率，W/(m·℃)；

λ_w——水的热导率，W/(m·℃)；

$\dfrac{\partial T}{\partial n}$——冷却水通道内表面法向温度梯度，℃/m；

t_w——冷却水温度，℃；

d_e——冷却水通道的当量直径，m；

Re——雷诺准数，无量纲数；

Pr——普朗特数，无量纲数。

由于模型中铜冷却壁冷却水管为复合孔型，因此其当量直径采用式(3-7)计算：

$$d_e = \frac{A_p}{L_p} \tag{3-7}$$

式中，A_p 为冷却水通道截面积；L_p 为冷却水通道湿周长。

雷诺数计算公式为：

$$Re = \frac{\rho v d_e}{u} \tag{3-8}$$

式中 ρ——水的密度，kg/m^3；

v——冷却水流速，m/s；

u——水的黏度，Pa·s。

将式(3-8)、式(3-7) 代入式(3-6) 中，并查表代入普朗特数及相关参数后，计算得出模型所用冷却壁管道内对流换热系数为：

$$\alpha_w = 4020.44 v^{0.8} \tag{3-9}$$

在本书中，不同水流速条件下水管与壁体的换热系数均由式(3-9)计算。

(3) 冷却壁热面与炉气间对流换热

铜冷却壁在高炉内使用时，其热面工作状况复杂，一般认为其热面与炉气间的换热以对流换热为主，该边界条件的数学表达式为：

$$-\lambda \frac{\partial T}{\partial n} = \alpha_h (t_g - T) \tag{3-10}$$

式中 λ——炉渣、镶砖或壁体的热导率，W/(m·℃)；

α_h——炉墙热面与炉气间复合对流换热系数，W/(m^2·℃)；

t_g——炉气温度，℃。

而式(3-10)中复合对流换热系数 α_h 的值受到煤气流速、温度、冷却壁热面状况等多种因素的影响,较难精确计算其值。宗燕兵等对复合孔型铜冷却壁在高炉内试验时热面复合对流换热系数进行了理论推导及试验测定,然而其测定结果仅适用于该类型冷却壁在试验炉条件下模拟计算。苏联 А·С·Пляшкевич 等[147] 统计并计算了实际高炉中不同炉气温度条件下炉墙热面的对流换热系数值,如图 3-4 所示:

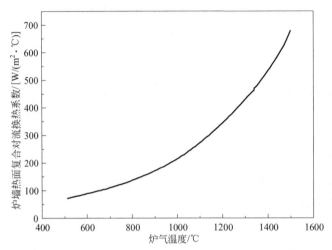

图 3-4　炉墙热面复合对流换热系数随温度变化趋势

对图 3-4 中曲线进行拟合得:

$$\alpha_h = -1.22 + 72.27 e^{\frac{t_g - 507.26}{445.15}} \tag{3-11}$$

该拟合相关性系数 $R^2 = 0.99984$,证明该公式拟合度非常好,因此研究中采用该公式计算不同炉气温度条件下炉气热面复合对流换热系数值。当炉气温度升高时,炉气对壁体的辐射换热增强,因此其热面复合换热系数也必然是增大的,采用此公式计算的对流换热系数也更加符合高炉实际情况。

(4) 冷却壁侧面、底面及对称面

在本书中,不考虑相邻两块冷却壁间的相互传热,而模型的 $z = W/2$ 位置对称,因此此界面上也不存在传热,即冷却壁在这两个面位置处于绝热状态:

$$-\lambda_c \frac{\partial T}{\partial z} = 0, \qquad z = 0, \quad z = W/2 \tag{3-12}$$

不考虑模型底部与其下方的冷却壁的传热过程,模型在高度方向上对称,在对称面处没有传热,因此冷却壁在底部及高度对称面上处于绝热状态，即：

$$-\lambda_c \frac{\partial T}{\partial y} = 0, \qquad y = 0, \quad y = H/2 \tag{3-13}$$

式（3-12）及式（3-13）中 W 为冷却壁宽度，H 为冷却壁高度。

3.1.3 计算参数选取

在边界条件的计算求解温度场中，所涉及的参数在表 3-2 中列出。

表 3-2 计算所用物性参数

项目	数值/[W(m·℃)]
炉壳热导率	45
填料层热导率	12
铜冷却壁热导率	380
炉渣热导率	由工况确定
镶砖热导率	由工况确定
冷却水热导率	0.5

3.1.4 渣皮厚度及体系温度场求解过程

在前人的铜冷却壁模拟计算中，多假设冷却壁热面不同位置渣皮厚度均匀，并在给定渣皮厚度的情况下求解壁体温度场，进而分析渣皮的炉况变化对壁体的影响。由于炉渣热导率相较于铜冷却壁而言很低，渣皮厚度的微小变化均会对壁体温度场造成很大的影响，因此这种设定渣皮厚度的计算方法有很大的局限性。本模型采用循环迭代求解温度场，并不断"杀死"温度超过渣熔点单元的方式来求解渣皮厚度，即渣皮的厚度由具体的炉况确定。其基本计算过程为：

① 给定一个较大的初始渣皮厚度，求解传热体系温度场；

② 利用 ANSYS 单元生死技术"杀死"温度超过挂渣温度的单元，即认为这部分炉渣温度过高而熔化。

③ 在"杀死"单元后，新形成的炉渣热面施加炉气对流换热边界条件，再次求解传热体系温度场。

④ 不断重复②、③过程，直至所有渣皮热面单元温度均小于挂渣温度为止，此时所得温度场即为在该工况条件下冷却壁所能达到的稳态温度场。

在本模型中，可对冷却制度、冷却壁结构、炉渣（初渣及中间渣）性质、炉气温度等多个条件进行改变，以模拟不同结构铜冷却壁在不同炉况条件下的使用情况。

3.2
计算结果分析

3.2.1 炉况因素对壁体温度和挂渣的影响

3.2.1.1 计算工况及条件

本部分计算主要考察炉况变化（边缘炉气温度）对铜冷却壁壁体温度及渣皮厚度的影响，因此选取炉气温度及冷却水流速为变化条件，固定冷却水温度、挂渣温度、传热系数等其他因素。其中，炉气温度在 1200～1400℃ 范围内变化，冷却水流速在 0.5～2.5m/s 范围内变化，选取冷却水温度为 35℃，选取挂渣温度为 1100℃，环境温度为 30℃。计算各工况参数选取如表 3-3 所示。

表 3-3 不同炉气温度条件下各工况参数选择

编号	挂渣温度 t_f/℃	炉气温度 t_g/℃	水速/(m/s)	水温/℃	环境温度/℃
LW1	1100	1200	0.5	35	30
LW2	1100	1200	1.0	35	30
LW3	1100	1200	1.5	35	30
LW4	1100	1200	2.0	35	30
LW5	1100	1200	2.5	35	30
LW6	1100	1250	0.5	35	30
LW 7	1100	1250	1.0	35	30
LW 8	1100	1250	1.5	35	30
LW 9	1100	1250	2.0	35	30
LW 10	1100	1250	2.5	35	30
LW 11	1100	1300	0.5	35	30
LW 12	1100	1300	1.0	35	30
LW 13	1100	1300	1.5	35	30
LW 14	1100	1300	2.0	35	30

编号	挂渣温度 t_f/℃	炉气温度 t_g/℃	水速/(m/s)	水温/℃	环境温度/℃
LW 15	1100	1300	2.5	35	30
LW 16	1100	1350	0.5	35	30
LW 17	1100	1350	1.0	35	30
LW 18	1100	1350	1.5	35	30
LW 19	1100	1350	2.0	35	30
LW 20	1100	1350	2.5	35	30
LW 21	1100	1400	0.5	35	30
LW 22	1100	1400	1.0	35	30
LW 23	1100	1400	1.5	35	30
LW 24	1100	1400	2.0	35	30
LW 25	1100	1400	2.5	35	30

3.2.1.2 炉气温度对壁体温度的影响

图 3-5 显示了模型典型的温度分布情况（工况 LW4，炉气温度 1200℃，冷却水流速 2.0m/s，冷却水温度 35℃）。在不同炉气温度条件下，炉气热面均能形成一定厚度的渣皮。由于渣皮的热导率很低，因此在渣皮内温度梯度很大，渣皮热面与冷面温度差异巨大，而铜冷却壁表面则由于渣皮的保护而温度较低。

图 3-6 显示了不同炉气温度条件下铜冷却壁本体的温度分布云图，由图 3-6 可看出，在不同的炉气温度条件下，铜冷却壁本体温度最高点均位于底部筋肋位置，这是由于此位置远离冷却水通道造成的。同时，铜冷却壁热面正对冷却水通道位置的温度较低，而两根冷却水通道之间位置则温度较高，这就要求冷却壁在设计时通过加密冷取水通道或采用扁圆孔型（或复合孔型）来尽可能缩小冷却水通道间距，进而使铜冷却壁热面温度分布均匀，以保证使用寿命。

	35.4754
	155.609
	275.743
	395.876
	516.01
	636.143
	756.277
	876.41
	996.544
	1116.68

图 3-5　模型典型温度场分布

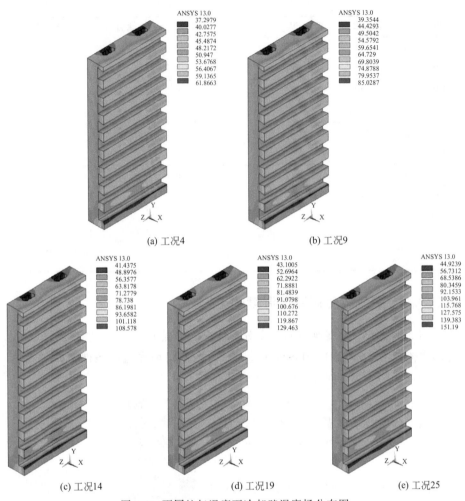

(a) 工况4　　　　　　　　　　　　　　(b) 工况9

(c) 工况14　　　　　　(d) 工况19　　　　　　(e) 工况25

图 3-6　不同炉气温度下冷却壁温度场分布图

图 3-7 显示了壁体测温点温度随炉气温度的变化趋势，由图可以看出，随着炉气温度的上升，壁体测温点温度基本上呈现线性升高趋势。以冷却水速 2.0m/s 这条曲线（工况 LW4、LW9、LW14、LW19、LW24）为例，当炉气温度由 1200℃ 上升至 1400℃ 时，壁体测温点温度由 51.9℃ 上升至 108.4℃，冷却壁本体测温点的温度一致维持在铜冷却壁允许使用温度（250℃）之内。对该条曲线进行线性拟合得：

$$T_c = -283.5 + 0.28t_g, \quad R^2 = 0.9978 \tag{3-14}$$

式中　T_c——铜冷却壁本体测温点温度，℃；

　　　t_g——炉气温度，℃。

式(3-14)说明可按照铜冷却壁内测温点的温度来判断炉内边缘煤气流

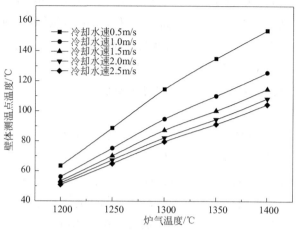

图 3-7 炉气温度对壁体测温点温度的影响

的温度高低，进而判断高炉运行状况，以更好地调整高炉操作。

图 3-8 则显示了炉气温度变化对壁体最高温度的影响，由图可以看出，炉气温度对壁体最高温度的影响也呈现出线性趋势。同样以冷却水速 2.0m/s 的曲线为例进行拟合，得到壁体最高温度与炉气温度间的关系为：

$$T_{max} = -476.9 + 0.45t_g, \quad R^2 = 0.99942 \tag{3-15}$$

式中　T_{max}——铜冷却壁本体最高温度，℃；

　　　t_g——炉气温度，℃。

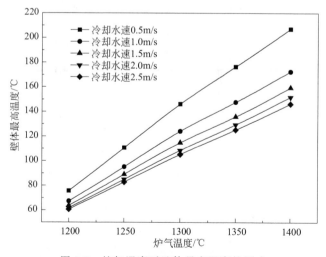

图 3-8 炉气温度对壁体最高温度的影响

由式（3-14）及式（3-15）可知，炉气温度对壁体最高温度的影响要远大于对壁体测温点温度的影响。在炉气温度为 1200℃，水速为 2.0m/s 时，壁体测温点温度为 51.9℃，壁体最高温度为 61.8℃，后者比前者高 9.9℃；而炉气温度上升至 1400℃ 时，壁体测温点温度为 108.4℃，而壁体最高温度达到 151.9℃，两者差值达到 43.5℃。进而由式（3-14）及式（3-15）求得壁体最高温度与壁体测温点温度之间的对应关系为：

$$T_{max} = -22.2 + 1.6 T_c \tag{3-16}$$

式（3-16）显示壁体最高温度的上升速度与壁体测温点温度并不一致，壁体测温点温度越高，相对应的壁体最高温度上升也更快。因此，铜冷却壁在高炉中应用时，壁体测温热电偶仅能反映壁体温度变化趋势，而不能仅根据壁体测温热电偶的温度来考虑判断冷却壁本体是否处于安全工作状态。为更准确地判断冷却壁工作状态，可根据壁体测温热电偶温度折算冷却壁最高温度，进而判断冷却壁本体温度是否处于安全工作温度以内。然而，这种由测温点温度折算壁体最高温度的方法受到冷却壁结构、热电偶布置位置等多种因素的影响，局限性较大，因此建议在冷却壁设计时将壁体测温热电偶布置于冷却壁两端筋肋位置，以更准确地反映冷却壁工作状态。

3.2.1.3 炉气温度对挂渣的影响

图 3-9 显示了不同炉气温度条件下冷却壁热面渣皮的存在状况，图 3-9（a）～（e）分别对应工况 LW4（炉气温度 1200℃）、LW9（炉气温度 1250℃）、LW14（炉气温度 1300℃）、LW19（炉气温度 1350℃）及 LW24

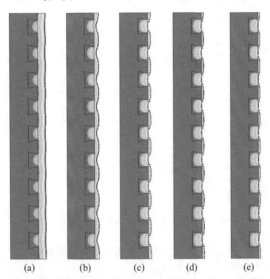

(a)　　(b)　　(c)　　(d)　　(e)

图 3-9　炉气温度对渣皮厚度的影响

（炉气温度 1400℃）条件下渣皮的存在状况。由图可知，由于燕尾槽镶砖结构的存在，冷却壁热面所形成的渣皮在高度方向上存在厚度变化，筋肋位置渣皮厚度较大，而镶砖位置的渣皮厚度则较小。这是由铜和镶砖的热导率差异引起的。铜材由于有良好的导热性，容易在其热面形成厚度较大的渣皮，而燕尾槽位置镶砖的导热能力则相对较差，造成该位置渣皮厚度较小。

同时，由图可以看出，随着炉气温度的升高，渣皮厚度逐渐减薄，并且燕尾槽位置渣皮厚度减薄的速度要远大于筋肋位置渣皮减薄速度。在炉气温度 1200℃条件下，筋肋位置渣皮厚度为 33mm，而镶砖位置的渣皮厚度为 31mm，渣皮厚度均匀性较好；在炉气温度 1250℃条件下，筋肋位置渣皮厚度为 18mm，而镶砖位置的渣皮厚度仅有 9mm，为筋肋位置渣皮厚度的一半；当炉气温度上升至 1300℃以上时，镶砖位置的渣皮已经完全消失，仅在筋肋位置存在约 12.5mm 厚的渣皮；当炉气温度为 1350℃时，筋肋位置渣皮厚度继续减薄至 9mm；而当炉气温度升至 1400℃时，筋肋位置渣皮厚度仅有 7mm。由此可见，炉气温度变化对渣皮厚度的影响效果非常显著。

图 3-10 更直观地显示了炉气温度变化对筋肋位置渣皮厚度的影响，由图可以看出随着炉气温度升高，渣皮厚度减薄，但减薄的速度有所下降。对该曲线进行拟合得：

$$H_s = 2.3043 \times 10^9 e^{-\frac{t_g}{65.6568}} + 5.8, \quad R^2 = 0.999 \qquad (3\text{-}17)$$

式中　H_s——渣皮厚度，mm；

　　　t_g——炉气温度，℃。

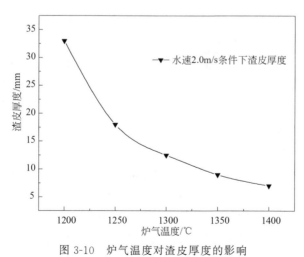

图 3-10　炉气温度对渣皮厚度的影响

由式（3-17）可知，炉气温度与铜冷却壁热面渣皮厚度呈现指数关系，炉气温度的微小波动均会引起渣皮厚度的巨大变化，而这种影响在炉气温度较低时尤其明显。因此，使用铜冷却壁的高炉要严格控制边缘煤气流温度以保证冷却壁热面渣皮的稳定性。

3.2.1.4　炉气温度对热负荷的影响

冷却壁热负荷是评估冷却壁换热能力的一个重要指标，高炉生产操作实际中也多以热负荷值大小来判断高炉是否处于安全工作范围之内。一般认为在高炉炉墙传热体系中，由炉壳带走的热量较少，炉内传出的热量97％以上由冷却水带走，因此高炉操作实际中采用式（3-18）计算炉体热负荷：

$$Q = cm\Delta t \tag{3-18}$$

式中　Q——冷却壁热负荷，W；

　　　c——水的比热容，J/(kg·℃)；

　　　m——冷却水流量，kg/s；

　　　Δt——冷却水进出水温差。

对于尺寸固定的冷却壁，其热负荷能反映单位时间内由冷却水带走的热量，而当冷却壁尺寸不同时，则需要采用冷却壁单位面积上单位时间内带走的热量，即热流密度来准确描述冷却壁带走的热量：

$$q = \frac{Q}{A} = \frac{cm\Delta t}{A} \tag{3-19}$$

式中　q——冷却壁热流密度，W/m²；

　　　A——冷却壁面积，m²。

在本模型中，采用单位时间内冷却水通道表面所有单元带走热量加和后除以冷却壁面积的方式来统计冷却壁热流强度。

图 3-11 显示了不同炉气温度条件下冷却壁热负荷的变化情况，在不同炉气温度条件下，冷却壁热流强度随炉气温度上升而上升，近似呈现出线性趋势。当炉气温度为1200℃时，冷却壁热流强度约为34.8kW/m²；当炉气温度上升至1400℃时，冷却壁热流强度上升至150.3kW/m²，上升幅度达到330％。由此可见，炉气温度变化对冷却壁热流强度的影响是非常显著的，炉气温度的频繁波动会造成冷却壁热流强度及壁体温度的急剧变化，导致冷却壁内部热应力随之急剧变化，长时间的炉气温度不稳将会造成冷却壁的疲劳破坏。

在图 3-11 中，总体上冷却壁热流强度与炉气温度呈现线性关系，然而也可以明显看出，热流强度-炉气温度曲线在1300℃时有一个明显的转折点，炉气温度在1300℃以下时，冷却壁热流强度随炉气温度上升趋势较大，而炉气温度在1300℃以上时，此上升趋势相对减缓。此现象的出现是由燕尾槽位置的渣皮厚度变化引起的。在炉墙传热体系中，由炉壳外表面到渣层热面，整个体系的导热热阻主要由炉壳导热热阻、填料层导热热阻、壁体导热热阻、渣层导热热阻组成，其中前三个热阻不随炉气温度发生变化。当炉气温度发生变化时，渣层由于熔化或重新凝固而改变厚度，进而改变渣层的导热热阻，维持整个传热体系的平衡。而由前面的分析可知，在计算工况下，当炉气温度高于1300℃时，燕尾槽位置已经不能挂渣，渣皮无法继续减薄，导致燕尾槽位置镶砖温度升高较快，壁体温度也随之升高，而能带走热量的能力增加量减小，即热流强度增量减小。因此，当冷却壁热面不能挂渣时，其对热负荷变化的适应能力也将减弱。

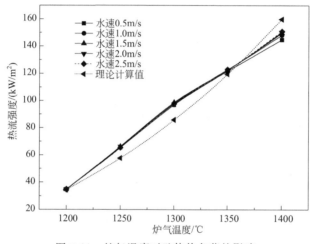

图 3-11　炉气温度对壁体热负荷的影响

3.2.2　冷却制度对壁体温度和挂渣的影响

冷却壁的冷却制度是影响冷却壁的重要工作参数之一，冷却制度主要包括冷却水流速和冷却水温两方面的内容。笔者通过建立的模型计算了冷却水流速、冷却水温度这两个冷却制度最重要的参数变化对铜冷却壁本体温度和热面挂渣情况的影响。考察水流速变化对结果的影响时，固定冷却水温度为35℃，冷却水流速由0.5m/s变化至2.5m/s，而炉气温度由1200℃变化至1400℃，炉壳冷面空气温度为30℃，冷却壁热面挂渣温度为1100℃，各工况参数选择与表3-3相同。

冷却水进水温度是高炉冷却制度的另一个重要指标。笔者计算了不同炉况条件下冷却水温度在25~45℃之间波动时对铜冷却壁传热体系的影响，计算冷却水温度影响时，固定冷却水流速为 2.0m/s，炉气温度由 1200℃ 变化至 1400℃，仍选取环境温度为 30℃，挂渣温度为 1100℃。各工况具体参数选取如表 3-4 所示。

表 3-4 不同冷却水温度条件下各工况参数选择

编号	挂渣温度 t_f/℃	炉气温度 t_g/℃	水速/(m/s)	水温/℃	环境温度/℃
SW1	1100	1200	2.0	25	30
SW2	1100	1200	2.0	30	30
SW3	1100	1200	2.0	35	30
SW4	1100	1200	2.0	40	30
SW5	1100	1200	2.0	45	30
SW6	1100	1250	2.0	25	30
SW 7	1100	1250	2.0	30	30
SW 8	1100	1250	2.0	35	30
SW 9	1100	1250	2.0	40	30
SW 10	1100	1250	2.0	45	30
SW 11	1100	1300	2.0	25	30
SW 12	1100	1300	2.0	30	30
SW 13	1100	1300	2.0	35	30
SW 14	1100	1300	2.0	40	30
SW 15	1100	1300	2.0	45	30
SW 16	1100	1350	2.0	25	30
SW 17	1100	1350	2.0	30	30
SW 18	1100	1350	2.0	35	30
SW 19	1100	1350	2.0	40	30
SW 20	1100	1350	2.0	45	30
SW 21	1100	1400	2.0	25	30
SW 22	1100	1400	2.0	30	30
SW 23	1100	1400	2.0	35	30
SW 24	1100	1400	2.0	40	30
SW 25	1100	1400	2.0	45	30

3.2.2.1 冷却制度对壁体温度的影响

由式(3-9)可知，冷却水流速与冷却水-铜冷却壁体间的换热系数呈幂指数关系，而其指数小于1，这说明冷却水与壁体间的换热能力随水流速的增大而增大，但其换热能力的增速随水流速升高而逐渐减缓。

图 3-12 显示了不同炉气温度条件下铜冷却壁壁体测温点温度随水流速的变化关系，由图可以看出随着冷却水流速的增加，壁体测温点的温度明显降低。以炉气温度 1400℃的曲线为例，当水流速由 0.5m/s 增加至 2.5m/s 时，壁体测温点温度由 153.7℃下降至 104.5℃，共降低 49.2℃，降幅达到 32.0%，这与冷却水流速和水-铜冷却壁体间复合对流换热系数的对应关系相吻合。在水流速较低的情况下，增加水流速对壁体的降温效果将更加明显。仍以炉气温度 1400℃曲线为例，当水流速由 0.5m/s 增加至 1.0m/s 时，壁体测温点温度由 153.7℃降低至 125.6℃，共降低 28.1℃，降幅为 18.2%；而水流速由 1.0m/s 增加至 1.5m/s 时，壁体测温点温度由 125.6℃降低至 114.6℃，共降低 11℃，降幅为 8.8%；而当水流速较高时，继续增加水流速则对壁体的降温效果减弱。当水流速由 2.0m/s 增加至 2.5m/s 时，壁体测温点温度由 108.4℃降低至 104.5℃，仅降低 3.9℃，降幅为 3.6%。由此可见，铜冷却壁对水流速表现出相当大的敏感性，铜冷却壁在应用时，必须保证一定的水流速。当水流速在 2.0m/s 以下时，增加水流速可有效降低铜冷却壁温度，而当水量增加到 2.0m/s 以上时，继续增加水流速对壁体的降温效果微乎其微。有研究表明，水在管道内流动时，其阻力损失与水流速的平方成正比关系，因此当水流速增加 1 倍时，其阻力损失将增加 3 倍，则动力消耗也将大大增加，增加水流速显得非常不经济。因此，建议铜冷却壁在应用时维持水流速在 2.0~2.5m/s。

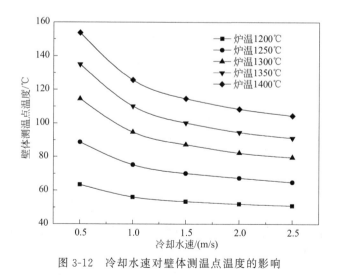

图 3-12　冷却水速对壁体测温点温度的影响

图 3-12 同时显示出，随着炉气温度降低，冷却水流速的增大对壁体降

温效果减弱。在炉气温度为 1400℃ 的条件下，冷却水流速由 0.5m/s 增加至 2.5m/s 时冷却壁本体温度降幅达 32.0%；炉气温度 1300℃ 时，壁体测温点温度由 114.4℃ 降低至 79.6℃，共降低 43.7℃，降幅为 30.4%；而炉气温度降低至 1200℃ 时，壁体测温点温度由 63.5℃ 降低至 51.0℃，共降低 12.5℃，降幅为 19.7%。这说明在炉气温度较低条件下，水流速变化时壁体温度波动较小，即壁体对水流速的依赖性减小。因此在边缘气流较弱、炉气温度较低时，可适当降低冷却水流速以节约动力消耗。

图 3-13 显示了水流速变化对壁体最高温度的影响，水流速变化对壁体最高温度的影响规律与对壁体测温点温度的影响规律相同，区别在于水流速变化对壁体最高温度的降低值更大。以炉气温度 1400℃ 为例，当水流速由 0.5m/s 增加至 2.5m/s 时，壁体测温点温度由 153.7℃ 下降至 104.5℃，共降低 49.2℃；而壁体最高温度由 207.1℃ 下降至 146.3℃，共下降 60.8℃。同时由该曲线还可以看出，在炉气温度 1400℃ 条件下，当水流速约小于 2.1m/s 时，铜冷却壁本体最高温度将高于铜冷却壁安全工作温度 150℃；而当温度降低至 1350℃ 时，此临界水速值降低至 0.93m/s。冷却水流速变化对壁体燕尾槽位置温度的影响规律与此相似，如图 3-14 所示。

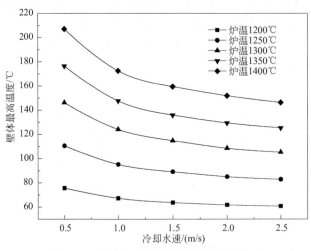

图 3-13　水速变化对壁体最高温度的影响

图 3-15 显示了冷却水温度对壁体测温点温度的影响。由图可以看出，壁体测温点温度与冷却水温度呈现明显的线性趋势。对图 3-15 中不同炉气温度条件下的曲线进行线性拟合得：

$$T_{c\text{-}1200} = 1.00t_w + 16.9℃，\quad t_g = 1200℃ \tag{3-20}$$

$$T_{c\text{-}1250} = 0.99t_w + 31.6℃，\quad t_g = 1250℃ \tag{3-21}$$

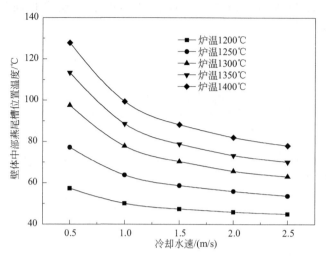

图 3-14　水速变化对壁体燕尾槽位置温度的影响

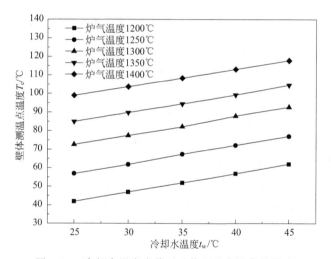

图 3-15　冷却水温度变化对壁体测温点温度的影响

$$T_{\text{c-1300}} = 0.98 t_{\text{w}} + 47.1℃, \quad t_{\text{g}} = 1300℃ \tag{3-22}$$

$$T_{\text{c-1350}} = 0.97 t_{\text{w}} + 60.6℃, \quad t_{\text{g}} = 1350℃ \tag{3-23}$$

$$T_{\text{c-1400}} = 0.94 t_{\text{w}} + 75.4℃, \quad t_{\text{g}} = 1400℃ \tag{3-24}$$

由式(3-20)～式(3-24)可看出，在不同炉气温度条件下，冷却壁本体测温点温度与冷却水温度均呈线性相关关系，随着冷却水温度的升高，壁体测温点温度也相应升高。图 3-15 中各曲线的斜率近似为 1，即冷却水进水温度每升高 1℃，铜冷却壁本体温度也相应上升 1℃，这说明降低冷却水进水温度对铜冷却壁本体温度有明显的降低作用，且壁体降温幅度与冷却水降温幅度相同。冷却水温度对壁体最高温度的影响呈现出相同的规律，如图 3-16 所示。

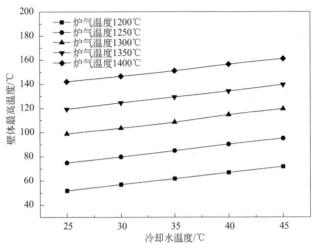

图 3-16 冷却水温度变化对壁体最高温度的影响

然而，在工程实际中，冷却水温度是不可能无限降低的，一般企业冷却水温度在 25～45℃范围内，即冷却水温度最低为 25℃左右。因此，采用降低冷却水温度的方法最多能降低壁体温度 25℃左右，单纯采用降低冷却水温度的方法来调节壁体温度是有一定的局限性的。由前面的分析可知，铜冷却壁对冷却水流速具有很大的敏感性，水流速的变化可在较大的范围内调节铜冷却壁本体温度，而当水流速上升至 2.0m/s 以上范围后，水流速变化对铜冷却壁本体温度值的调节能力迅速下降。因此，在实际操作中，建议将冷却壁本体水流速控制在 2.0～2.5m/s，而当出现炉气温度急剧变化、热面渣皮脱落等特殊情况导致壁体温度过高时，可采取降低冷却水进水温度的方法来降低铜冷却壁本体温度。

3.2.2.2 冷却制度对渣层厚度的影响

图 3-17 显示了不同水流速条件下渣皮厚度的变化情况，由图可以看出，无论在何种炉气温度条件下，水流速的变化均不会对渣皮厚度产生较大影响，即在不同炉气温度条件下，冷却水流速改变时渣皮厚度基本维持不变。这是由铜冷却壁传热体系的热阻分布造成的，在铜冷却壁传热体系中，由于铜冷却壁优良的导热性能，其热阻在总热阻中所占比例很小。而渣层热导率在 1.2W/(m·℃) 左右，约是铜冷却壁热导率的 1/300，因此渣皮热阻在整个体系中占绝大部分。当工况发生变化时，铜冷却壁靠调节热面渣皮厚度

来改变系统整体热阻，进而维持传热体系的稳定。当水流速由0.5m/s变化至2.5m/s时，仅改变了冷却水与壁体间的对流换热热阻，而此热阻相对于总热阻可忽略不计，因此渣皮厚度基本不发生变化。

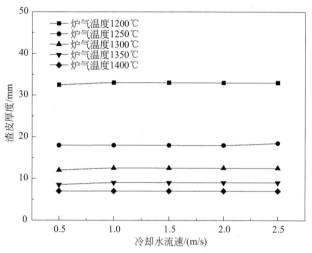

图3-17　水速变化对渣皮厚度的影响

同样，如图3-18所示，冷却水温度的变化对渣皮厚度的影响也非常微小。在不同炉气温度条件下，冷却水温度由25℃增加到45℃时，渣皮厚度仅减小0.5mm左右。

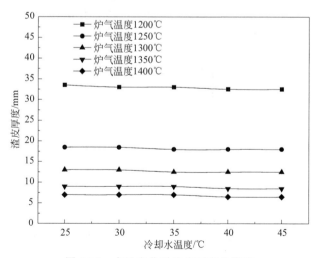

图3-18　水温变化对渣皮厚度的影响

通过以上的分析说明，在应用铜冷却壁的高炉系统中，调整冷却制度对铜冷却壁渣皮厚度的影响很小，即寄希望于增大冷却强度来改变渣层厚度是不现实的。结合前面的分析可知，调整冷却制度的意义在于调节铜冷却壁本体的温度，而非调节热面渣皮厚度。

3.2.2.3 冷却制度对热负荷的影响

图 3-19 显示了冷却水流速变化对壁体热负荷的影响。由图可以看出，在炉气温度 1200～1400℃ 范围内，冷却水流速变化对壁体热负荷影响很小。其中，在炉气温度 1350℃ 以下时，壁体热流强度基本不随冷却水流速变化而变化，而炉气温度在 1350℃ 以上时，当水流速增大时，壁体热流强度随之略有增加，但增加幅度有限。下面分别以炉气温度 1200℃ 及炉气温度 1400℃ 为例进行说明。当炉气温度为 1200℃ 时，水流速由 0.5m/s 增加至 2.5m/s，壁体热流强度均为 34.7kW/m²，即壁体热流强度未发生改变；而当炉气温度为 1400℃ 时，水流速由 0.5m/s 增加至 2.5m/s，壁体热负荷由 144.7kW/m² 增加至 159.9kW/m²，增幅为 10.5%。这种现象是冷却壁热面渣皮形状随炉气温度发生改变和筋肋位置镶砖温度降低共同造成的。由图 3-9 可知，随着炉气温度的升高，冷却壁热面渣皮表面逐渐由较平整的平面变为厚度高低起伏的曲面，即热面渣皮厚度不均匀增加，渣皮与炉气的换热面积 A_s 增大；当炉气温度超过 1350℃ 时，冷却壁燕尾槽位置渣皮已经消失，炉气直接与壁体镶砖换热，而炉气温度的升高将造成镶砖温度的降低，在渣皮热面与炉气的对流换热系数 α_h、炉气温度 t_g 不变的条件下，由对流换热基本公式 $Q = \alpha_h A_s (t_g - t_{slag})$ 可知，单位时间内冷却壁带走的热量将增加，壁体热流强度将增加。

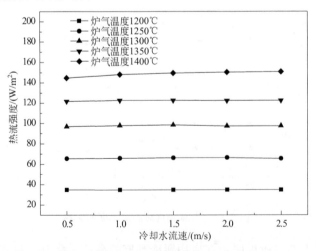

图 3-19　冷却水流速变化对壁体热流强度的影响

图 3-20 显示了冷却水温度变化对壁体热流强度的影响。由图可看出,冷却水温度的变化对热负荷的影响很小,仅在炉气温度 1350℃ 以上,壁体热流强度随水温的增加有微小降低的趋势。在炉气温度 1400℃、冷却水流速 2.0m/s,挂渣温度 1150℃ 条件下,当冷却水温度由 25℃ 增加至 45℃ 时,冷却壁热流强度由 151.5kW/m² 下降至 149.3kW/m²,降幅仅为 1.5%。这种现象是由冷却水温度改变壁体温度引起的。在炉气温度 1350℃ 以上时,冷却壁热面燕尾槽部位渣皮消失,炉气与裸露的镶砖换热。随着冷却水温度的升高,镶砖热面的温度将高于渣层的温度,即其与壁体间的温度差变小,两者间的换热量也随之变小,因此壁体热流强度减小。

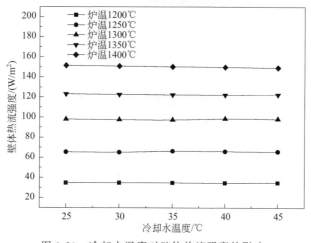

图 3-20   冷却水温度对壁体热流强度的影响

以上的分析说明冷却制度对铜冷却壁壁体热负荷的影响很小,在炉况波动的条件下,调节冷却制度对改变壁体热负荷基本没有作用。

3.2.3   炉渣性质对壁体温度和挂渣的影响

铜冷却壁依靠热面形成的渣皮来保护壁体自身不受炉料和煤气流的冲刷、挤压等机械破坏。显然,炉渣本身的性质对渣皮的形成过程、稳定渣皮厚度等均有很大影响。

液态炉渣流过温度较低的铜冷却壁热面时,紧贴着冷却壁表面的炉渣被壁体冷却而凝固,在冷却壁热面形成渣皮。渣皮在厚度方向上越靠近炉气方向温度越高,随着渣皮温度的升高,渣皮逐渐软化并最终开始流动。因此,只有自身温度在某温度以下的渣皮可稳定存在于铜冷却壁表面,超过这一温度，已凝固的渣皮将因强度不能支撑自身重力或煤气流、炉料的冲刷力而离开冷却壁表面，造成渣皮脱落。保证铜冷却壁热面渣皮能稳定存在的这一温度为炉渣"稳定挂渣温度"，简称"挂渣温度"。钱亮、程素森等[148]在开发铜冷却壁渣皮厚度在线监测模型时，采用渣铁凝固温度（即1150℃）作为挂渣温度，而鞍钢车玉满等[149]及北京科技大学代兵、张建良等[150]在开发高炉操作炉型管理模型及铜冷却壁热面状况计算模型时亦采用这一温度作为挂渣温度。然而，铜冷却壁主要工作在炉腰、炉腹至炉身下部区域，此区域的炉渣主要是高炉初渣，其成分波动很大，而炉渣的软熔性能受炉渣成分的影响很大，因此挂渣温度不可能固定不变，在计算铜冷却壁温度场分布及渣皮厚度时必须考虑挂渣温度的影响。

炉渣自身性质对渣皮厚度的影响还表现在其热导率的变化上，炉渣热导率的变化必然导致渣皮厚度的变化，因此本节研究渣皮热导率变化对壁体温度及渣皮厚度的影响规律。

3.2.3.1 挂渣温度对壁体温度和渣皮厚度的影响

考虑初渣成分的波动，本节选取了1050℃、1100℃及1150℃三个温度作为挂渣温度进行计算。计算挂渣温度对壁体温度和渣皮厚度的影响时，固定冷却水流速为2.0m/s，冷却水温度为35℃，而炉气温度由1200℃变化至1400℃。各计算工况如表3-5所示。

表3-5　不同挂渣温度条件下各工况参数选择

编号	挂渣温度 t_f/℃	炉气温度 t_g/℃	水速/(m/s)	水温/℃	环境温度/℃
GZWD 1	1050	1200	2.0	35	30
GZWD2	1100	1200	2.0	35	30
GZWD3	1150	1200	2.0	35	30
GZWD4	1050	1250	2.0	35	30
GZWD5	1100	1250	2.0	35	30
GZWD6	1150	1250	2.0	35	30
GZWD 7	1050	1300	2.0	35	30
GZWD 8	1100	1300	2.0	35	30
GZWD 9	1150	1300	2.0	35	30
GZWD 10	1050	1350	2.0	35	30
GZWD 11	1100	1350	2.0	35	30
GZWD 12	1150	1350	2.0	35	30
GZWD 13	1050	1400	2.0	35	30

编号	挂渣温度 t_f/℃	炉气温度 t_g/℃	水速/(m/s)	水温/℃	环境温度/℃
GZWD 14	1100	1400	2.0	35	30
GZWD 15	1150	1400	2.0	35	30

图 3-21 显示出了不同炉气温度条件下铜冷却壁本体测温点温度与挂渣温度之间的对应关系。由图可以看出，无论在何种炉况条件下，挂渣温度越高，冷却壁本体测温点温度越低。这说明较高炉渣挂渣温度有利于降低冷却壁本体温度，即有利于保证铜冷却壁安全工作。图 3-22 则显示了铜冷却壁壁体最高温度与挂渣温度之间的关系。由图可知当在挂渣温度 1050℃ 条件下，当炉气温度达到 1370℃ 以上时，冷却壁本体最高温度将超过 150℃，即铜冷却壁能适应的临界炉气温度为 1370℃；而挂渣温度为 1100℃ 时该临界温度值则提高到 1395℃；当挂渣温度进一步提高到 1150℃ 时，通过对曲线进行外推计算可知此时临界温度值约提高至 1430℃。这说明炉渣挂渣温度的提高在一定程度上有利于增强铜冷却壁对炉况变化的适应性，提高冷却壁可安全工作的临界炉气温度。然而，炉渣挂渣温度由 1050℃ 提高至 1150℃ 时，冷却壁可安全工作的临界温度仅提高约 60℃ （由 1370℃ 提高至 1430℃），这说明改变挂渣温度对提升冷却壁临界工作温度的作用有限。

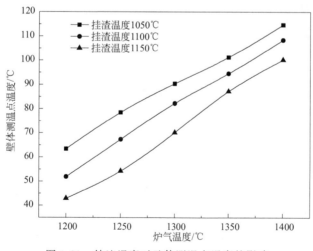

图 3-21　挂渣温度对壁体测温点温度的影响

图 3-23 显示了挂渣温度对渣皮厚度的影响。由图可以看出，在不同挂渣温度条件下，铜冷却壁热面渣皮厚度均随炉气温度发生较大变化，在炉气温度较低时，冷却壁热面可凝结较厚的渣皮，随着炉气温度升高，渣皮厚度

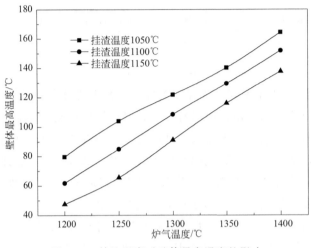

图 3-22 挂渣温度对壁体最高温度的影响

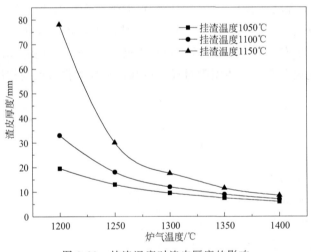

图 3-23 挂渣温度对渣皮厚度的影响

迅速减薄,而挂渣温度越高,渣皮厚度随炉气温度变化的波动越明显。炉气温度由 1200℃ 变化至 1400℃ 时,在挂渣温度 1050℃ 条件下,渣皮厚度由 19.5mm 变为 6.0mm,共减薄 69.2%;而在挂渣温度 1100℃ 条件下,渣皮厚度相应由 33mm 减薄为 7mm,共减薄 78.8%;当挂渣温度为 1150℃ 时,渣皮厚度由 78mm 减薄至 8.5mm,即渣皮厚度减薄了 89.1%。由此可见,较高挂渣温度虽有利于形成厚度较大的渣皮,但渣皮厚度将随炉气温度波动而剧烈变化,当煤气流分布发生变化或者软熔带位置改变而造成炉况波动时极易发生渣皮脱落或者结厚;较低的挂渣温度虽然形成的渣皮厚度较薄,但此种性质的炉渣对温度波动的适应能力较强，能在一个较大的炉气温度区间内维持适宜厚度的渣皮。

因此，对于不同的高炉，必须根据其原料条件及炉况条件进行操作调整，使边缘煤气流温度与初渣挂渣温度相匹配，以维持合适且稳定的渣皮厚度。过高的挂渣温度将导致渣皮厚度变化频繁，进而导致渣皮脱落频繁或炉墙结厚频繁。在实际的生产操作中，虽然初渣的成分较难控制，但当渣皮频繁脱落时，可通过调整炉料结构等手段控制初渣的软熔特性，进而达到稳定渣皮厚度的目的。

图 3-24 显示了挂渣温度对铜冷却壁本体热负荷的影响规律。在不同炉气温度条件下，壁体热负荷均随着挂渣温度的升高而降低，且这种差异在低温区域更加明显。在炉气温度 1200℃ 条件下，挂渣温度由 1050℃ 变化为 1150℃ 时，壁体热流强度由 58.38kW/m² 降低至 16.11kW/m²，降幅为 72.4%；而在炉气温度 1400℃ 条件下，壁体热流强度由 163.60kW/m² 降低至 133.73kW/m²，降幅为 18.26%。这是由于在低炉气温度条件下，由挂渣温度所引起的渣皮厚度差异巨大，则渣层热阻差异巨大，因而导致壁体热流强度降低明显。而在高炉气温度条件下，渣皮厚度差异较小，则渣层的热阻差异也相应较小，壁体热负荷随挂渣温度升高而降低的幅度也较小。上述分析说明挂渣温度的变化对壁体热负荷的影响是较明显的，较高的挂渣温度有利于降低壁体热负荷，使高炉热损失减小，燃料比降低。

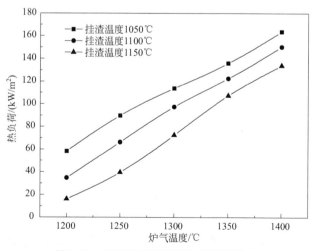

图 3-24　挂渣温度对壁体热负荷的影响

综合以上的分析可知，提高炉渣挂渣温度对降低冷却壁本体温度、降低壁体热负荷均有一定作用，但却不利于维持热面渣皮的稳定性。而铜冷却壁的设计理念是靠冻结的炉渣来保护冷却器，因此稳定挂渣是铜冷却壁的首要要求，故在生产实际中应以维持渣皮稳定为目的来选择挂渣温度，保证铜冷却壁安全工作和炉况顺行。

3.2.3.2 炉渣导热性能对渣皮厚度和壁体温度的影响

在铜冷却壁挂渣过程中，炉渣的热导率是渣皮厚度的另一个重要影响因素。通常认为，单纯的高炉炉渣的热导率约为 $1.2W/(m \cdot ℃)$[151]，而在高炉初渣中通常混入一定量的已还原的铁珠，铁珠的体积分数因冶炼条件和原料条件的不同在 $0 \sim 25\%$ 之间波动[124]，铁珠的含量必将导致渣皮热导率的变化。由于高炉初渣结构与混凝土相似，因此采用在混凝土热导率计算中应用较广泛的 Hamilton and Crosser 模型来计算初渣的热导率[152,153]：

$$\lambda_{\Sigma} = \frac{(1-v_2) \times \lambda_1 + \alpha v_2 \lambda_2}{(1-v_2) + \alpha v_2}, \alpha = \frac{n\lambda_1}{(n-1)\lambda_1 + \lambda_2} \tag{3-25}$$

式中 λ_{Σ} ——混合物的热导率，$W/(m \cdot ℃)$；

λ_1 ——原始组分的热导率，$W/(m \cdot ℃)$；

λ_2 ——混入物的热导率，$W/(m \cdot ℃)$；

v_2 ——混入物的体积分数，%；

n ——混入物形状因子，对于微小颗粒取值为 3。

计算得到的在混入不同含量的铁珠时初渣的热导率如表 3-6 所示。

表3-6 混入不同含量铸铁时炉渣热导率

炉渣体积分数/%	铁珠体积分数/%	炉渣综合热导率/[W/(m·℃)]
75	25	2.1
80	20	1.9
85	15	1.7
90	10	1.5
100	0	1.2

在模型中，通过修改渣层单元的属性来改变渣层热导率，不同炉渣热导率条件下计算得到的渣皮厚度如图 3-25 所示。

由图 3-25 及图 3-26 可知，随着炉渣热导率的升高，渣皮厚度明显增大，炉气温度较低时，渣皮厚度随热导率增加的速度较大，随着炉气温度升高，增速逐渐减缓。在炉气温度 1200℃ 条件下，炉渣热导率由 $1.2W/(m \cdot ℃)$ 增加至 $2.1W/(m \cdot ℃)$ 时，渣皮厚度由 33mm 增加至 59mm，增加了 78.8%。而在炉气温度 1400℃ 条件下，渣皮厚度则由 7mm 增加至 11mm，增幅为

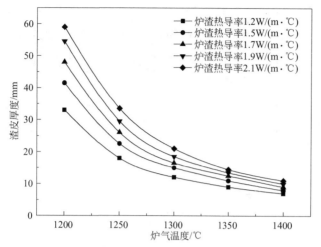

图 3-25　炉渣导热性能对渣皮厚度的影响（一）

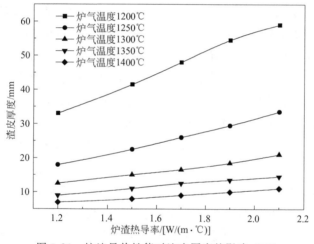

图 3-26　炉渣导热性能对渣皮厚度的影响（二）

57%。这说明炉渣导热不同会对渣皮的厚度产生重大影响，且在低温区炉渣热导率的变化对渣皮厚度影响更加明显。

　　在高炉冶炼过程中，随着炉料的下降，铁矿石逐渐被熔化和还原。在高炉的不同部位，矿石的还原度是不一样的，越接近高炉炉缸，矿石的金属化率越高，则初渣中混入的金属铁珠量增加，其热导率越高，则炉渣性能变化对渣皮厚度的影响也将越明显。

　　图 3-27 显示了炉渣热导率变化对壁体热流强度的影响。由图可知在低温区，热导率对壁体热负荷的影响不大。例如，在炉气温度 1200℃ 条件下，炉渣热导率改变时，壁体热负荷均维持在 36kW/m² 左右。在炉气温度 1200～

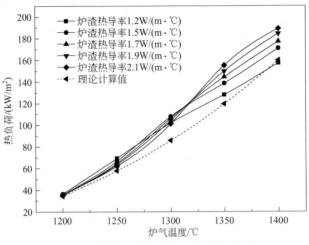

图 3-27 炉渣导热性能变化对热负荷的影响

1310℃区间，随着炉渣热导率的升高，壁体热负荷逐渐降低。又如，在炉气温度 1250℃时，炉渣热导率由 1.2W/(m·℃) 增加至 2.1W/(m·℃) 时，壁体热流强度由 69.4kW/m² 变为 62kW/m²，下降约 10.7%。而在 1310～1400℃区间，壁体热负荷随炉渣热导率的变化与在低温区时呈现出相反的规律，即随着炉渣热导率的升高，壁体热负荷也升高。在炉气温度 1400℃条件下，当炉渣热导率由 1.2W/(m·℃) 增加至 2.1W/(m·℃) 时，壁体热流强度由 157.2kW/m² 变为 189.1kW/m²，增加约 20.3%。这种现象是由不同性质的炉渣，在不同的炉气温度条件下，其渣皮热面形状不同而引起的。在低炉气温度区域，燕尾槽部位渣皮尚未消失，不同性质的炉渣在此区域所凝结成的渣皮热面均较平整，即渣皮热面形貌相差不大，渣皮与炉气间的换热面积也基本相同，因而壁体热流强度受炉渣导热性能的影响也不大。而在此温度区域，炉渣热导率越高，渣皮厚度越大，则燕尾槽位置渣皮厚度与筋肋位置渣皮厚度的差别越不明显，即其渣皮热面越平坦，与炉气间的换热面积越小。因而，渣皮与炉气间的换热量也越小，这就导致壁体热流强度在此炉气温度区间内随炉渣热导率的上升而降低。在高炉气温度区域，燕尾槽位置渣皮已经完全消失，而筋肋位置的渣皮厚度因炉渣热导率的不同而有一定差别。炉渣热导率越大，筋肋位置的渣皮厚度越大，则它与镶砖位置的渣皮厚度差异也越大，即渣皮热面越不平整，渣皮与炉气间的换热面积越大，因而导致相同时间内渣皮与炉气间的换热量增大，壁体热流强度上升。

　　炉渣热导率的变化对铜冷却壁本体温度同样产生影响，如图 3-28 及图 3-29 所示。炉渣热导率变化对壁体测温点及壁体最高温度的影响规律与其对壁体热负荷的影响规律相对应，即在炉气温度 1200～1310℃ 的低炉气温度区域，壁体测温点温度与壁体最高温度随炉渣热导率的升高而降低，且变化幅度较小；在炉气温度 1310～1400℃ 的高炉气温度区域，壁体测温点温度与壁体最高温度随炉渣热导率的升高而升高，且变化幅度较大。由图 3-26 同时可以看出，在炉渣热导率为 1.2W/(m·℃) 条件下，冷却壁最高温度在 1200～1400℃ 的温度区间内均不会超过 150℃，能长期安全稳定工作。而炉渣热导率为 2.1W/(m·℃) 时，当炉气温度达到 1350℃ 时冷却壁本体最高温度即超过 150℃。这说明随着炉渣热导率的升高，铜冷却壁对炉气温度变化的适应能力变差。

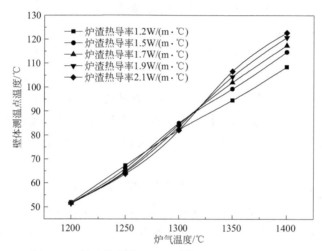

图 3-28 炉渣热导率变化对壁体测温点温度的影响

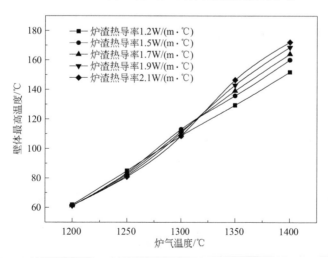

图 3-29 炉渣热导率对壁体最高温度的影响

3.2.4 镶砖材质对壁体温度和挂渣的影响

3.2.4.1 镶砖材质对渣皮厚度的影响

　　应用铜冷却壁的经济性之一即体现在它能节省大量的优质耐火材料，通常认为，在炉腰、炉腹至炉身下部区域，耐火材料难以长久存在，一般在开炉1~2年内被磨损殆尽，而至多在燕尾槽内维持一定厚度的镶砖，国内多座高炉的拆炉试验证明了上述结论。应用铜冷却壁后，由于其热面容易形成渣皮，因此常在铜冷却壁热面镶嵌100~120mm厚普通耐火材料。然而，这种选择炉身中部耐火材料的方式并未考虑耐材性能的变化对铜冷却壁本体温度及挂渣过程的影响。在本书中，考虑了炉腰、炉腹及炉身中下部采用热导率分别为 5W/(m·℃)、10W/(m·℃)、15W/(m·℃) 三种材质的镶砖材料及燕尾槽位置镶砖完全由炉渣材料代替共四种情况下冷却壁本体的温度分布及铜冷却壁热面挂渣情况。计算过程中，选取挂渣温度为1150℃，冷却水流速为 2.0m/s，冷却水进水温度为 35℃，炉气温度为1200~1400℃。

　　图 3-30 显示了镶砖材质变化对铜冷却壁热面筋肋位置渣皮厚度的影响。由图可以看出，无论在何种炉气温度条件下，镶砖材质热导率由 5W/(m·℃)变至 10W/(m·℃) 时对渣皮厚度的影响均很微弱；而当燕尾槽位置镶砖完全被炉渣取代时，燕尾槽位置的渣皮则明显减薄。图 3-31 显示了镶砖材

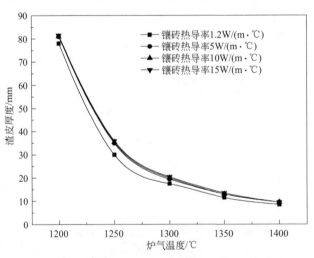

图 3-30　镶砖材质对筋肋位置渣皮厚度的影响

质对燕尾槽位置渣皮厚度的影响规律。由图可知，在低炉气温度环境下，镶砖材质变化对燕尾槽位置渣皮厚度影响不大，而随着炉气温度升高，镶砖热导率的变化对燕尾槽位置的渣皮厚度影响逐渐增加。在炉气温度 1400℃条件下，当镶砖热导率为 5W/(m·℃) 时，燕尾槽位置渣皮厚度为 6mm，而镶砖热导率提高至 15W/(m·℃) 时，镶砖位置渣皮厚度为 9mm，即渣皮厚度增加了 50%；而燕尾槽位置镶砖完全被炉渣取代时，燕尾槽位置渣皮厚度为 0mm。上述分析说明镶砖热导率的增加有利于在燕尾槽位置形成厚度较大的渣皮，并减小燕尾槽位置与筋肋位置渣皮厚度的差异性，使渣皮热面更加平整，进而减小炉料及煤气流对渣皮热面的冲刷力，增强渣皮的稳定性。

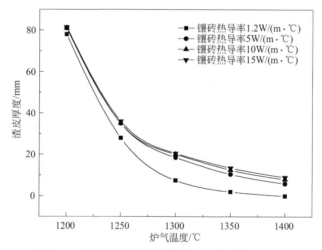

图 3-31　镶砖材质对燕尾槽位置渣皮厚度的影响

3.2.4.2　镶砖材质对冷却壁本体温度的影响

图 3-32～图 3-34 分别显示了镶砖材质变化对铜冷却壁本体测温点温度、燕尾槽位置壁体温度及壁体最高温度的影响。由图可以看出随着镶砖热导率的提升，冷却壁本体温度有下降的趋势，且这种下降趋势在低炉气温度区域较不明显，而在高炉气温度区域则比较明显。在炉气温度 1400℃条件下，当镶砖材质热导率由 5W/(m·℃) 提升至 15W/(m·℃) 时，壁体测温点温度及壁体最高温度均降低了约 15℃，因此提高镶砖的热导率对保证铜冷却壁安全是有一定作用的。由上述三幅图同时可以看出，随着镶砖热导率的提升，铜冷却壁本体温度虽然有所降低，但降低的幅度逐渐减小，其中镶砖热导率由 5W/(m·℃) 变为 10W/(m·℃) 时，壁体温度降低幅度最大，

因此过分追求铜冷却壁镶砖热导率的效果不大且经济性变差。通过以上分析说明，铜冷却壁镶砖热导率控制在 $10\sim15W/(m\cdot℃)$ 之间较为经济合理。

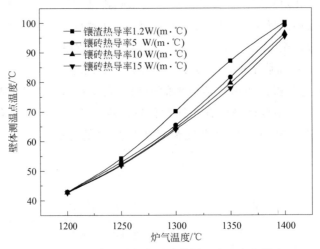

图 3-32　镶砖材质变化对壁体测温点温度的影响

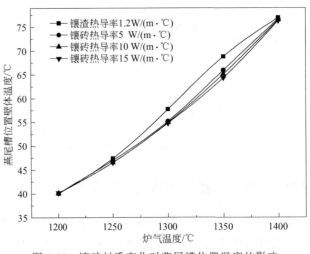

图 3-33　镶砖材质变化对燕尾槽位置温度的影响

3.2.4.3　镶砖材质对热负荷的影响

图 3-35 显示了铜冷却壁镶砖热导率变化对壁体热负荷的影响规律。由图可知，在炉气温度 1300℃ 以下的低温区域，镶砖材质的变化对冷却壁本体热流强的影响并不明显；但在 $1300\sim1400$ 的高炉气温度区域，随着镶砖热导率的提升，冷却壁热流强度逐渐降低，且炉气温度越高，影响越明

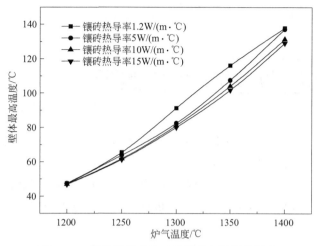

图 3-34　镶砖材质变化对壁体最高温度的影响

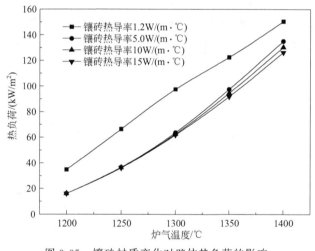

图 3-35　镶砖材质变化对壁体热负荷的影响

显。在炉气温度 1400℃条件下，镶砖热导率为 5W/（m·℃）时，冷却壁热
流强度为 135.30kW/m²；当镶砖热导率提升至 15W/（m·℃）时，冷却壁
热流强度降低至 129.1kW/m²，下降了约 4.4%。而当燕尾槽位置镶砖完全被
炉渣取代时，壁体热流强度为 150.3kW/m²，相比镶砖热导率 15W/（m·℃）
条件下上升了 16.4%。这说明在铜冷却壁燕尾槽位置采用热导率较高的镶砖
可有效降低壁体热流强度，减小炉壳热损失。无论在何种炉气条件下，当燕
尾槽内有镶砖存在时，壁体热流强度均远低于镶砖被炉渣取代时的相应值。
因此，在铜冷却壁燕尾槽内采用热导率较好的镶砖是有必要的，且需要保证镶砖长期存在。

3.3
铜冷却壁挂渣能力计算^[154]

通过铜冷却壁三维传热模型可以精确计算得出铜冷却壁热面可凝结的渣皮厚度，进而评估不同工况下冷却壁挂渣能力。但冷却壁三维传热模型存在建模困难、计算量大的问题，为在实际生产中实时评估冷却壁挂渣能力，本节将冷却壁三维传热问题简化为一维传热，进而推导出冷却壁传热能力计算公式。

图 3-36 显示了一种典型的冷却壁热流矢量图（炉气温度 1200℃，冷却水速 2.0m/s，冷却水温度 35℃，挂渣温度 1100℃）。由该图可以看出，由于铜冷却壁镶砖和铜的热导率的巨大差异，在铜冷却壁厚度方向的导热过程中，筋肋位置的热流强度要远大于镶砖位置的热流强度，铜冷却壁厚度方向绝大部分热量由筋肋位置导出，而镶砖位置热流则非常小。而在筋肋中心线

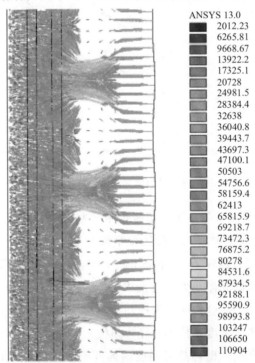

图 3-36　典型铜冷却壁热流矢量图

各点上，热流强度变化值较小，因此可近似认为铜冷却壁筋肋中心位置的壁厚方向导热热流强度 q_x 等于炉气向冷却壁传入热量的热流强度 q_{in}。

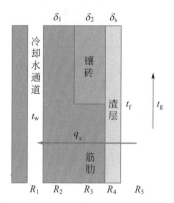

图 3-37　铜冷却壁一维导热示意图

如图 3-37 所示，将铜冷却壁在筋肋位置的导热简化为一维导热进行考虑，则冷却壁与炉气换热的热流强度为：

$$q_{in} = \alpha_h (t_g - t_f) = \frac{t_g - t_f}{\dfrac{1}{\alpha_h}} \tag{3-26}$$

式中，q_{in} 为冷却壁热面与炉气间换热的热流强度，W/m^2；α_h 为炉气与渣层热面复合换热系数，$W/(m^2 \cdot \text{℃})$，其值与炉气温度有关，由图 3-4 及式(3-11) 给出；t_g、t_f 分别为炉气及渣层热面温度（挂渣温度），℃。

在铜冷却壁传热体系中，由冷却水到炉气，共存在 5 个热阻。

(1) 冷却水与冷却壁本体间换热热阻 R_1

对于钻孔铜冷却壁，不存在水管、气隙层等结构，因此热阻计算公式为：

$$R_1 = \frac{1}{\alpha_w} \tag{3-27}$$

式中，α_w 为冷却水通道内强制对流换热系数，$W/(m^2 \cdot \text{℃})$。其计算方法已由式(3-6) 给出。

(2) 水通道顶面至镶砖冷面部分冷却壁本体导热热阻 R_2

$$R_2 = \frac{\delta_1}{\lambda_{Cu}} \tag{3-28}$$

式中，δ_1 为冷却水通道顶面至筋肋根部的厚度，m；λ_{Cu} 为冷却壁铜材热导率，$W/(m \cdot \text{℃})$。

（3）筋肋热阻 R_3

$$R_3 = \frac{\delta_2}{\lambda_{Cu}} \qquad (3\text{-}29)$$

式中，δ_2 为筋肋高度，m。

（4）炉渣热阻 R_4

$$R_4 = \frac{\delta_s}{\lambda_s} \qquad (3\text{-}30)$$

式中，δ_2 为渣层厚度，m；λ_s 为炉渣热导率，$W/(m\cdot ℃)$。

（5）炉气与渣层热面换热热阻 R_5

$$R_5 = \frac{1}{\alpha_h} \qquad (3\text{-}31)$$

则筋肋位置厚度方向传热的热流为：

$$q_x = \frac{t_g - t_w}{R_1 + R_2 + R_3 + R_4 + R_5} = \frac{t_g - t_w}{\dfrac{1}{\alpha_w} + \dfrac{\delta_1}{\lambda_{Cu}} + \dfrac{\delta_2}{\lambda_{Cu}} + \dfrac{\delta_s}{\lambda_s} + \dfrac{1}{\alpha_h}} \qquad (3\text{-}32)$$

联立式（3-26）及式（3-32），解出 δ_s 为：

$$\delta_s = \lambda_s \left(\frac{1}{\alpha_h} \times \frac{t_f - t_w}{t_g - t_f} - \frac{1}{\alpha_w} - \frac{\delta_1 + \delta_2}{\lambda_{Cu}} \right) \qquad (3\text{-}33)$$

式中，δ_s 即为在不同炉况下冷却壁热面所能凝结的渣皮厚度，因此可用 δ_s 的大小来评估冷却壁挂渣能力的强弱。

由式（3-33）可以看出，冷却壁筋肋位置的渣皮厚度主要受到炉渣热导率 λ_s、冷却壁热面与炉气复合换热系数 α_h、炉气温度 t_g、挂渣温度 t_f、冷却水温度 t_w、冷却水与壁体换热率 α_w、壁体水通道顶面至筋肋根部厚度 δ_1、筋肋高度 δ_2 以及铜冷却壁材质热导率等多个参数的影响。

吴桐等[117] 曾推导铜冷却壁一维传热数学模型，其推导结果认为，冷却壁热面与炉气复合换热系数 α_h 及挂渣温度 t_f 为定值，分别取 $232W/m^2$ 及 $1150℃$ 进行计算。然而，近年来，高炉冶炼的主要特点为：冶炼强度进一步增大，原燃料质量进一步劣化，原料种类更换更加频繁。在这种冶炼特点下，高炉炉况的波动更加明显，因此高炉煤气温度波动更加频繁，故在铜冷却壁挂渣区域炉气与冷却壁热面热交换的复合换热系数将不能视为定值；同时，炉料质量的波动和原料结构的变化必然导致高炉初渣成分的变化，进而影响炉渣在冷却壁表面凝固的临界温度，即挂渣温度。因此，在式（3-33）中，α_h 及 t_g 必须作为与炉况相关的变量进行考虑。

由于 α_w 值与冷却水通道当量直径、冷却水速等变量有关［参见式(3-6)］，不同管径及不同水速条件下其值数量级为 $10^3 \sim 10^5$，因此在式(3-33) 中，$\frac{1}{\alpha_w}$ 值很小，可忽略不计。这意味着冷却水速的变化对冷却壁挂渣能力的影响很小，由式(3-33) 计算得出，冷却水速由 0.5m/s 变化至 2.5m/s 时，渣层厚度约变化 0.9%，这与 3.2.2.2 节的三维模型计算结果一致。同样，由于铜冷却壁厚度一般较小且其热导率很大，因此式(3-33) 中 $\frac{\delta_1 + \delta_2}{\lambda_{Cu}}$ 一项值很小，其数量级为 $10^{-4} \sim 10^{-3}$，因此其对渣皮厚度影响也非常小，可忽略不计。而冷却水温度 t_w 一般小于 45℃，而挂渣温度 t_f 一般大于 1000℃，因此 $t_f - t_w$ 可由 t_f 近似替代。则式(3-33) 可简化为：

$$\delta_s = \frac{\lambda_s}{\alpha_h} \times \frac{t_f}{t_g - t_f} \tag{3-34}$$

由式(3-34) 可知，对冷却壁热面所能凝结的最大渣皮厚度，即冷却壁挂渣能力影响最大的因素有以下 4 个：

① 与渣皮接触的煤气温度，即边缘煤气温度 t_g。在其他因素一定时，冷却壁最大渣皮厚度，即其挂渣能力与边缘煤气温度和挂渣温度的差值（$t_g - t_f$）成反比关系，炉气温度的改变将大幅度影响冷却壁挂渣能力；

② 挂渣温度 t_f。对式(3-34) 变形得 $\delta_s = \frac{\lambda_s}{\alpha_h} \times \frac{t_f}{t_g - t_f} = \frac{\lambda_s}{\alpha_h} \times \frac{t_g}{t_g - t_f} - \frac{\lambda_s}{\alpha_h}$，而 $-\frac{\lambda_s}{\alpha_h}$ 值较小，因此挂渣温度的改变将大幅度改变边缘煤气温度和挂渣温度的差值（$t_g - t_f$），进而大幅度改变冷却壁挂渣能力；

③ 冷却壁热面与炉气间换热系数 α_h。由式(3-34) 可知，其他条件不变时，冷却壁挂渣能力与 α_h 成反比关系，而 α_h 值除了受到炉气温度的影响外，还受到边缘煤气流速度等多种条件的影响。

④ 渣皮热导率。渣皮热导率与冷却壁挂渣能力呈线性关系，因此热导率较高的炉渣有利于形成厚度较大的渣皮，炉渣的热导率应作为炉渣性能检测的重要指标之一。

采用式(3-34) 计算出各种工况条件下冷却壁所能凝结的最大渣皮厚度，并与相应的冷却壁传热三维计算结果进行对比，如图 3-38 所示。由图可知，冷却壁挂渣能力计算公式计算结果与三维模型计算结果在渣皮厚度绝对值上有一定差异，但该公式计算结果所得出的各因素对渣皮厚度的影响规律与三维模型计算结果吻合非常好，能较真实地反映各因素对冷却壁挂渣能力的影响。因此，在实际生产中，可通过该公式估算当前炉况条件下冷却壁的挂渣能力，进而通过边缘煤气流温度、炉料结构等的调整来达到稳定渣皮的目的。

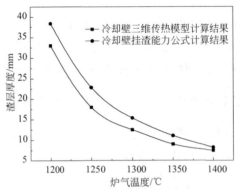

(a) 炉气温度对渣皮厚度的影响[挂渣温度1100℃，炉渣热导率1.2W/(m·℃)]

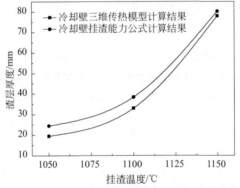

(b) 挂渣温度对渣皮厚度的影响[炉气温度1200℃，炉渣热导率1.2 W/(m·℃)]

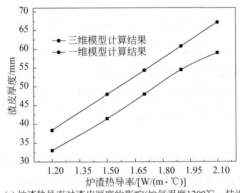

(c) 炉渣热导率对渣皮厚度的影响(炉气温度1200℃，挂渣温度1100℃)

图3-38　挂渣能力计算公式与三维模型计算结果对比

3.4
铜冷却壁挂渣状态监测系统及其实际应用

在上述研究的基础上，笔者与武汉科技大学等单位合作，开发了高炉铜冷却壁挂渣状态在线监测系统，并在国内某著名钢铁企业的 $3200m^3$ 高炉上获得应用。该系统除可以曲线等方式对铜冷却壁监测点温度、热负荷等进行显示外，还能以云图和数字表格方式显示当前铜冷却壁渣皮厚度情况及挂渣稳定性情况，并给出操作建议。系统在高炉生产现场实际运行的界面如图 3-39 所示。据现场生产技术人员反馈，该系统界面友好，易于操作，计算结果合理，与高炉操作人员经验相吻合；该软件应用后，可以帮助操作人员快速准确识别高炉铜冷却壁热面渣皮厚度及其波动情况，判断渣皮脱落和

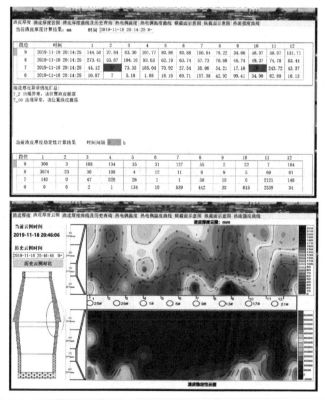

图 3-39　铜冷却壁挂渣状态监测系统运行截图

可能黏结的区域，对高炉操作人员控制炉型和边缘煤气流分布具有重要的参考价值。同时，该系统的应用可有效防止铜冷却壁的异常损坏，提升铜冷却壁寿命，对保证高炉安全稳定生产具有重要意义。

3.5
本章小结

① 炉气温度变化对铜冷却壁本体温度的影响呈现线性趋势，且炉气温度对壁体最高温度的影响要大于对壁体测温点温度的影响；炉气温度对渣皮厚度的影响呈指数趋势，随着炉气温度的升高，渣皮厚度迅速减薄，且筋肋位置与镶砖位置渣皮厚度差距增大；炉气温度对铜冷却壁热负荷的影响呈线性趋势。

② 铜冷却壁冷却制度的变化对其本体温度有较大的影响，提高冷却水流速及降低冷却水温度均可在一定程度上降低冷却壁本体温度，而增加冷却强度对渣皮厚度及冷却壁热流强度的影响不大。

③ 炉渣挂渣温度对冷却壁本体温度、渣皮厚度及壁体热负荷均有较大影响。提高挂渣温度可有效降低冷却壁本体温度及壁体热负荷。较高的挂渣温度虽可获得厚度较大的渣皮，但渣皮厚度的稳定性降低，对炉气温度的适应能力变差。

④ 炉渣热导率对冷却壁本体温度、渣皮厚度及壁体热负荷均有一定影响。在不同炉气温度条件下，随着炉渣热导率的升高，渣皮厚度均增大。随着渣皮热导率的升高，在低温区域，壁体热负荷及本体温度均降低；而在高温区域，壁体热负荷及本体温度均升高。

⑤ 镶砖热导率的提升有利于增大燕尾槽位置渣皮厚度，降低热面渣皮的不均匀性。燕尾槽内有镶砖时壁体热流强度及冷却壁本体温度均远低于镶砖被炉渣取代时相应值，建议在燕尾槽内镶嵌热导率为 $10\sim15W/(m\cdot℃)$ 且抗侵蚀性较好的耐火砖。

⑥ 采用冷却壁一维传热模型推导所得的冷却壁挂渣能力计算公式计算结果与三维模型吻合度较高，可用于在实际生产中估算当前炉况下冷却壁结渣能力的大小，为炉况的调整提供指导。

第 **4** 章

铜冷却壁应力
分布规律研究

　　铜冷却壁表面渣皮的存在可有效降低其热面温度，保护冷却壁。本书第3章亦从传热学角度对铜冷却壁热面稳定挂渣进行了探讨。然而，渣皮的存在除了影响铜冷却壁本体温度外，亦对铜冷却壁本体及其自身受热膨胀所产生的热应力有较大影响。石琳等[155] 通过对埋管铸铜冷却壁进行热态试验和数值模拟研究，认为炉气温度变化显著影响铜冷却壁本体应力分布。魏渊等[156] 提出了一种新型的炉腹铜冷却壁设计方案，该冷却壁温度场及应力场计算结果表明其结构的优化可明显降低壁体内的热变形。邓凯等[157] 研究了冷却壁水管间距、镶砖厚度、水管直径等相关结构参数对冷却壁应力场分布的影响，并给出了相应的影响规律。然而，上述研究均未涉及冷却壁渣皮的存在对壁体本身和渣层应力分布的影响。实际上，冷却壁本体及渣层的应力分布，尤其是壁体-渣层交界面处的应力分布，对冷却壁热面渣皮的稳定性有着决定性的影响。本章采用热力耦合分析方法对挂有炉渣的铜冷却壁应力分布进行计算，分析了炉气温度变化、冷却制度、渣皮厚度、炉渣热导率、镶砖材质等多种因素对铜冷却壁及渣层应力分布影响，从应力方面探索各因素对铜冷却壁热面渣皮稳定性的影响规律。

4.1
铜冷却壁热-力耦合分析模型的建立[158]

4.1.1　热-力耦合分析方法

　　本书采用 ANSYS 软件进行铜冷却壁传热体系的热-力耦合分析。在

ANSYS 中，热-力耦合分析有直接耦合和间接耦合两种类型。直接热-力耦合分析法采用 SOLID62、SOLID98 等兼具温度场和结构场的耦合单元，在所建立的物理模型上同时施加传热边界条件和应力边界条件，同步进行温度场和应力场的求解。此方法适宜在模型较简单、计算量较小时采用。而在本章将建立的铜冷却壁热-力耦合分析中，由于渣层厚度较小但温度、应力梯度很大，对网格精细度有很大要求，计算量巨大，因此不宜采用直接热-力耦合分析法，而采用间接热-力耦合分析方法，其基本计算流程为：

① 采用普通热单元建立铜冷却壁传热分析模型，给定热分析参数，对模型施加传热边界条件，进行温度场求解。

② 将模型中的热单元转换为结构单元，并添加结构单元属性。

③ 在模型上施加应力边界条件，并将所解得的温度场作为温度载荷施加在结构分析模型上，求解应力场。

进行铜冷却壁-热力耦合分析时，仍采用 3.1.1 节所建立的物理模型，在温度场和应力场的计算中，均可根据计算条件的变化采用 ANSYS 生死单元技术"杀死"相关单元。

4.1.2 计算模型及边界条件

在进行热分析时，仍采用 3.1.2 节建立的数学模型及边界条件。而进行应力分析时，则根据弹性力学基本理论建立控制方程，并确定相应的边界条件。

在热弹性力学中，为求解某受热区域的应力场，需满足平衡方程、几何方程和本构方程一系列条件，各方程分别描述如下[159]：

（1）平衡方程

$$\begin{cases} \dfrac{\partial \sigma_x}{\partial x} + \dfrac{\partial \tau_{yx}}{\partial y} + \dfrac{\partial \tau_{zx}}{\partial z} = 0 \\[2ex] \dfrac{\partial \tau_{xy}}{\partial x} + \dfrac{\partial \sigma_y}{\partial y} + \dfrac{\partial}{\partial z}\tau_{zy} = 0 \\[2ex] \dfrac{\partial \tau_{xz}}{\partial x} + \dfrac{\partial \tau_{yz}}{\partial y} + \dfrac{\partial \sigma_z}{\partial z} = 0 \end{cases} \tag{4-1}$$

（2）几何方程

$$
\begin{cases}
\varepsilon_x = \dfrac{\partial u_x}{\partial x}, \gamma_{xy} = \dfrac{\partial u_x}{\partial y} + \dfrac{\partial u_y}{\partial x} \\[2mm]
\varepsilon_y = \dfrac{\partial u_y}{\partial y}, \gamma_{yz} = \dfrac{\partial u_y}{\partial z} + \dfrac{\partial u_z}{\partial y} \\[2mm]
\varepsilon_z = \dfrac{\partial u_z}{\partial z}, \gamma_{zx} = \dfrac{\partial u_z}{\partial x} + \dfrac{\partial u_x}{\partial z}
\end{cases}
\tag{4-2}
$$

（3）本构方程

在非等温条件下，由热效应引起的弹性体内应变 ε_{ij} 由两部分组成，即物体内各点自由膨胀或收缩（温度改变引起）的应变 $\varepsilon_{ij}^{(T)}$ 以及弹性体内各部分之间相互约束所引起的应变 $\varepsilon_{ij}^{(S)}$，即：

$$
\varepsilon_{ij} = \varepsilon_{ij}^{(T)} + \varepsilon_{ij}^{(S)}
\tag{4-3}
$$

其中，应变 $\varepsilon_{ij}^{(T)}$ 为各向同性，且剪应变为 0，其应力应变之间的关系为：

$$
\begin{cases}
\varepsilon_x^{(T)} = \varepsilon_y^{(T)} = \varepsilon_z^{(T)} = \alpha \Delta T \\[2mm]
\gamma_{xy}^{(T)} = \gamma_{yz}^{(T)} = \gamma_{zx}^{(T)} = 0
\end{cases}
\tag{4-4}
$$

应变 $\varepsilon_{ij}^{(S)}$ 与温度应力之间服从广义胡克定律，即：

$$
\begin{cases}
\varepsilon_x^{(S)} = \dfrac{\sigma_x}{E} - \dfrac{\nu(\sigma_y + \sigma_z)}{E}, \gamma_{xy}^{(S)} = \dfrac{1}{G}\tau_{xy} \\[2mm]
\varepsilon_y^{(S)} = \dfrac{\sigma_y}{E} - \dfrac{\nu(\sigma_z + \sigma_x)}{E}, \gamma_{yz}^{(S)} = \dfrac{1}{G}\tau_{yz} \\[2mm]
\varepsilon_z^{(S)} = \dfrac{\sigma_z}{E} - \dfrac{\nu(\sigma_x + \sigma_y)}{E}, \gamma_{zx}^{(S)} = \dfrac{1}{G}\tau_{zx}
\end{cases}
\tag{4-5}
$$

将式（4-5）及式（4-4）代入式（4-3）中并反解应力分量，即得到非等温条件下热弹性本构方程，如式（4-6）所示。

$$
\begin{cases}
\sigma_x = 2G\varepsilon_x + \lambda\varepsilon_v - \dfrac{\alpha E \Delta T}{1-2\nu}, \tau_{xy} = G\gamma_{xy} \\[2mm]
\sigma_y = 2G\varepsilon_y + \lambda\varepsilon_v - \dfrac{\alpha E \Delta T}{1-2\nu}, \tau_{yz} = G\gamma_{yz} \\[2mm]
\sigma_z = 2G\varepsilon_z + \lambda\varepsilon_v - \dfrac{\alpha E \Delta T}{1-2\nu}, \tau_{zx} = G\gamma_{zx}
\end{cases}
\tag{4-6}
$$

式（4-1）～式（4-6）中　σ_x、σ_y、σ_z——笛卡儿坐标系中 x、y、z 三个坐标方向上的正应力分量；

τ_{xy}、τ_{yz}、τ_{zx}、τ_{xy}、τ_{yx}、τ_{zy}、τ_{xz}——各方向上剪应力分量；

u_x、u_y、u_z——x、y、z 三个坐标方向上的位移分量；

ε_x、ε_y、ε_z——x、y、z 三个坐标方向上的正应变分量；

γ_{xy}、γ_{yz}、γ_{zx}——各方向上剪应变分量；

α——材料的热胀系数；

ΔT——单元上的温度变化值；

E——材料的弹性模量；

ν——材料泊松比；

λ、G——Lame 弹性常数。

由于本章主要研究包含渣皮在内的铜冷却壁传热体系在炉气温度、渣皮厚度、冷却制度等因素变化条件下的应力分布情况，不考虑不同冷却壁固定方式等的影响，因此忽略炉壳、填料层及相邻冷却壁对体系应力分布的影响，所采用边界条件如下：

① 冷却壁和渣层底面及侧面为自由边界；
② 冷却壁及渣层在几何对称面上采用对称边界条件；
③ 冷却壁冷面及渣层热面为自由边界；
④ 冷却壁及渣层承受温度载荷，其模型内的温度分布由热分析求得。

4.1.3 物性参数选择

在冷却壁温度场和应力场的求解中，所涉及的各材料的热力学参数见表 3-2，弹性力学参数见表 4-1[155~157,160]。

表 4-1　各材料弹性力学参数

材料	温度/℃	密度/(kg/m³)	弹性模量/GPa	热胀系数/(×10⁻⁶/℃)	泊松比
铜	17	8390	110	17.6	0.33
	100		108	18.0	
	300		95	18.5	
渣皮	—	工况决定	工况决定	工况决定	0.1
镶砖	—	由镶砖材质决定	由镶砖材质决定	由镶砖材质决定	0.1

其中，渣皮和镶砖的物性参数随高炉冶炼条件不同而发生变化，均为本书所考虑的因素，因此这二者的物性参数由实际的计算工况决定。

4.2
壁体及渣层应力分布规律分析[161]

4.2.1　炉气温度变化对壁体及渣层应力分布的影响

4.2.1.1　计算工况及条件

　　本部分计算主要考察炉气温度变化对铜冷却壁本体及渣层应力分布的影响，因此选取炉气温度为变化条件（铜冷却壁热面与炉气间换热系数随之变化），而其他影响因素维持不变。其中，炉气温度变化范围为 1200～1400℃，冷却水流速固定为 2.0m/s，冷却水温度固定为 35℃。计算过程中认为铜冷却壁镶砖已经完全消失，燕尾槽位置被炉渣填充，铜冷却壁热面分别附着有厚度为 5～85mm（每隔 10mm 为一计算工况）的渣皮，炉渣热导率取 1.2W/(m·℃)。各计算工况参数选取如表 4-2 所示。

表 4-2　不同炉气温度计算工况下参数选择

炉气温度/℃	冷却水速/(m/s)	冷却水温度/℃	渣皮厚度/mm	炉渣热导率/[W/(m·℃)]
1200	2.0	35	5～85	1.2
1250	2.0	35	5～85	1.2
1300	2.0	35	5～85	1.2
1350	2.0	35	5～85	1.2
1400	2.0	35	5～85	1.2

4.2.1.2　炉气温度对壁体及渣层应力分布的影响

　　图 4-1 显示了不同炉气温度条件下冷却壁应力分布情况（渣皮厚度 45mm，冷却水速 2.0m/s，冷却水温 35℃）。由该图可知，在各炉气温度条件下，壁体应力分布基本相同，仅在应力数值上有一定区别。应力集中位置出现在冷却壁热面镶砖背后正对冷却水通道区域，而应力最大值出现在冷却壁侧面边缘的筋肋角部位置。为准确分析渣皮厚度变化对冷却壁本体应力分布的影响，提取不同炉气温度、不同渣皮厚度条件下冷却壁中部筋肋下沿横向中心位置（图 4-2 所示点）的应力值进行比较，在各渣皮厚度条件下该点应力值变化与炉气温度的关系如图 4-3 所示。

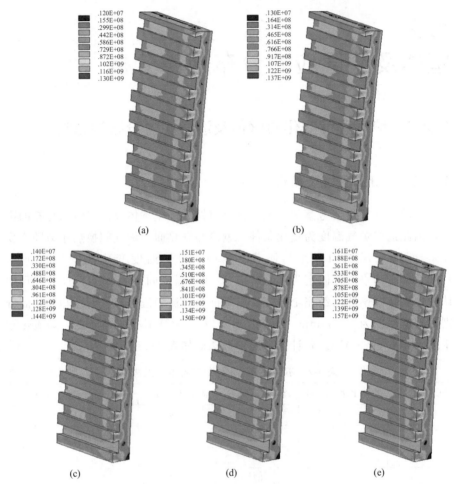

图 4-1 不同炉气温度条件下壁体应力分布云图

由图 4-3 可知，当渣皮厚度不变时，冷却壁本体应力值将随炉气温度线性上升，但在不同的渣皮厚度条件下，上升幅度有所区别。对图中不同渣皮厚度条件下冷却壁本体应力值和与炉气温度的关系进行拟合，如式(4-7) ～式(4-15) 所示。

$$S_{T-5} = 0.0546t_g - 16.96\text{MPa} \tag{4-7}$$

$$S_{T-15} = 0.0502t_g - 14.74\text{MPa} \tag{4-8}$$

$$S_{T-25} = 0.0530t_g - 14.70\text{MPa} \tag{4-9}$$

$$S_{T-35} = 0.0620t_g - 15.47\text{MPa} \tag{4-10}$$

$$S_{T-45} = 0.0716t_g - 16.11\text{MPa} \tag{4-11}$$

$$S_{T-55} = 0.0800t_g - 16.32\text{MPa} \tag{4-12}$$

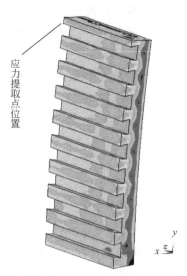

图 4-2　应力提取点位置示意图

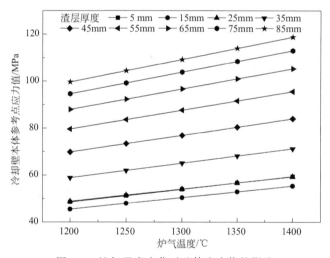

图 4-3　炉气温度变化对壁体应力值的影响

$$S_{T-65} = 0.0868t_g - 16.18 \text{MPa} \tag{4-13}$$

$$S_{T-75} = 0.0924t_g - 16.29 \text{MPa} \tag{4-14}$$

$$S_{T-85} = 0.0964t_g - 16.08 \text{MPa} \tag{4-15}$$

式(4-7)～式(4-15)中　$S_{T-5} \sim S_{T-85}$——分别为渣皮厚度 5～85mm 条件

下冷却壁本体应力值，MPa；

t_g——炉气温度，℃。

由式(4-7)～式(4-15)可知，在不同渣皮厚度条件下，冷却壁本体应力随温度的上升趋势有较大区别。在渣皮厚度大于 15mm 时，渣皮厚度越大，壁体应力随炉气温度升高而上升的趋势越明显。以渣皮厚度 15mm 和 85mm 两种工况为例，炉气温度每升高 100℃，壁体应力分别上升 5.02MPa 和 9.64MPa。这说明炉气温度的波动易造成冷却壁本体内应力的波动，而壁体内应力的频繁波动会造成铜冷却壁本体的疲劳损坏，降低冷却壁使用寿命。

图 4-4 给出了不同渣皮厚度条件下冷却壁炉渣与镶砖交界面处的应力随温度的变化规律。由图可以看出，在各渣皮厚度条件下，渣-砖界面的应力值随炉气温度线性上升。在渣皮厚度较小（小于 25mm）时，炉渣-镶砖交界面处应力值较大且随炉气温度波动较剧烈。而渣皮厚度较大时，该界面处的应力值较小且随炉气温度波动较小。这说明渣皮厚度较小时，渣皮对炉气温度波动的适应能力较弱，渣皮稳定性较差，应尽量维持边缘煤气流温度稳定，否则，炉气温度的波动会导致镶砖与渣层交界面处的应力值急剧变化，进而引起渣皮脱落。

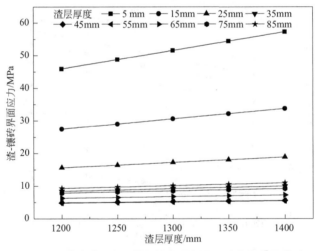

图 4-4　炉气温度变化对镶砖-炉渣交界面处应力值的影响

4.2.1.3　渣皮厚度对壁体及渣层应力分布的影响

图 4-5 显示了不同渣皮厚度条件下（炉气温度固定为 1300℃，冷却水流速固定为 2.0m/s，冷却水温度为 35℃）壁体应力分布云图。在该图中，图（a）～（i）的渣皮厚度分别为 5mm、15mm、25mm、……、85mm。由该图可知，在不同的渣皮厚度条件下，冷却壁均向热面凸起，而应力集中位置出现在冷却壁热面镶砖背后正对冷却水通道区域，在一定的渣皮厚度范围内，

随着渣皮厚度的增大，该应力集中区域面积逐渐增大。筋肋表面的应力值普遍小于镶砖沟槽位置应力值，但筋肋顶端拐角位置应力值较大，应力最大位置出现在冷却壁侧面边缘的筋肋角部位置。

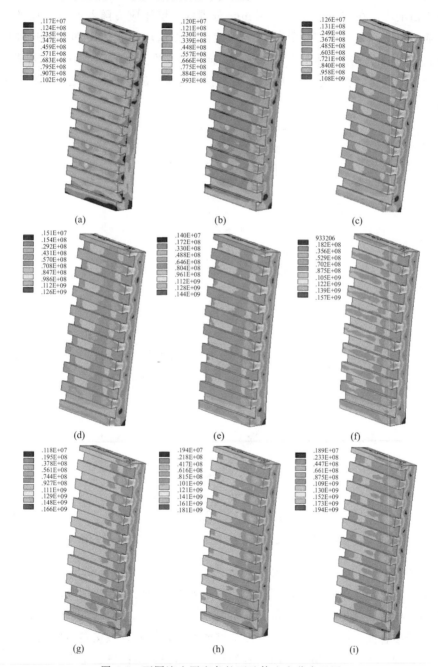

图 4-5　不同渣皮厚度条件下壁体应力分布云图

而由图 4-6(a) 可知，在炉渣性质、冷却制度等不变的条件下，壁体应力值随渣皮厚度增加而呈现先下降后上升的趋势。在渣皮厚度 0～15mm 范围内，壁体应力随渣皮厚度增大而减小；当渣皮厚度约为 15mm 时，壁体应力值最小；在渣皮厚度 15～85mm 范围内，壁体应力随着渣皮厚度的增大而迅速上升。在所有计算工况下，壁体应力值均小于铜冷却壁抗拉强度值，说明铜冷却壁本体不会由于热应力而产生塑性变形破坏。但是，若渣皮厚度频繁变化，将引起壁体内应力值在较大范围内频繁波动，造成铜冷却壁疲劳损坏。

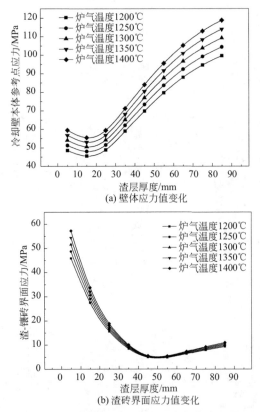

图 4-6　不同渣皮厚度条件下壁体及渣-砖界面应力变化

图 4-6 (b) 显示了铜冷却壁热面渣层厚度变化对镶砖-炉渣交界面位置处应力的影响。由于炉渣在铜材表面的附着能力很弱，因此铜冷却壁与炉渣之间主要依靠燕尾槽内镶嵌的耐火砖或者炉渣进行结合，则镶砖-渣皮交界面位置结合能力的强弱决定了铜冷却壁能否稳定挂渣，该交界面位置应力值越小，则炉渣在铜冷却壁表面附着的稳定性越强，即挂渣越稳定。由该图可

明显看出，无论在何种炉气温度条件下，镶砖-渣皮交界面处的应力值均在渣皮厚度约 45mm 时达到最小，即渣皮厚度约 45mm 时渣皮的稳定性好；在渣皮厚度小于 45mm 时，随着渣皮厚度的增大，镶砖-炉渣交界面处应力值迅速减小，即挂渣稳定性增强；当渣皮厚度大于 45mm 时，随着渣皮厚度的增大，该交界面位置处的应力又逐渐增大，说明渣皮超过一定厚度时，继续增大渣皮厚度，挂渣稳定性将减弱。为保证渣-砖界面应力值较小且应力波动较小，渣皮厚度应维持在 30～60mm 之间。

以上分析说明冷却壁热面渣皮的厚度对冷却壁本体应力及渣皮稳定性均有较大影响，且在一定渣皮厚度范围内，冷却壁本体应力值较小且挂渣较稳定，而渣皮过薄或过厚均会造成冷却壁本体应力值上升及渣皮稳定性减弱。因此，在实际生产中，不能追求过大的渣皮厚度，而应维持渣皮厚度在某一特定范围内，以使壁体应力值较小且稳定挂渣。

4.2.2　冷却制度对壁体及渣层应力分布的影响

4.2.2.1　冷却水流速变化对壁体及渣层应力分布的影响

图 4-7 显示了冷却水流速变化对冷却壁本体应力值的影响。由图可知，随着水流速的增大，壁体参考点热应力值均有微弱的增大趋势，除渣皮厚度 5mm 工况外，应力值增大的幅度均较小。当渣皮厚度为 5mm 时，当水速由 0.5m/s 增大至 2.5m/s 时，冷却壁本体内的热应力由 41.31MPa 增加至 49.23MPa，增幅为 19.2%。而渣皮厚度较大时，水流速的增大对壁体参考点应力的影响则较小，以渣皮厚度为 45mm 的一组计算结果为例，当水流速由 0.5m/s 增大至 2.5m/s 时，冷却壁本体内的热应力由 67.81MPa 增加至 69.99MPa，增幅仅为 3.2%。因此，增大水速并不能减小冷却壁本体热应力值，而应保持稳定的水流速，使壁体内热应力值趋于稳定，以降低冷却壁热应力疲劳损坏的可能性。

图 4-8 显示了冷却水流速变化对炉渣与镶砖交界面位置处应力值的影响。由该图可知，在不同的渣皮厚度条件下，冷却水流速对渣-砖界面的影响规律有一定区别。当渣皮厚度在 15mm 以下时，水流速的增大会在一定程度上引起渣-砖界面应力值的增大，在冷却水流速较小时尤为明显，如图 4-8 (a)、(b) 所示；而当渣皮厚度在 25mm 以上时，冷却水流速的增大会降低渣-砖界面应力值，如图 4-8 (c)、(d) 所示。这说明在冷却壁热面渣皮厚度较小时，不能盲目增大冷却水流速，而应尽量保证水流速稳定，以减

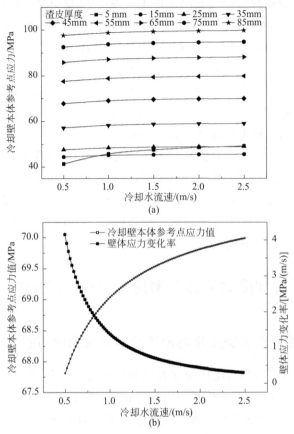

图 4-7 冷却水流速变化对壁体应力的影响

小炉渣与镶砖结合处应力波动，降低炉渣与镶砖分离的可能，增强挂渣稳定性；而渣皮厚度较大时，可适当增大冷却水流速以降低渣皮与镶砖交界面处应力值，降低渣皮脱落的可能性。

4.2.2.2　冷却水温度变化对壁体及渣层应力分布的影响

图 4-9 显示了增大冷却水温度有利于降低冷却壁本体应力值。这是由于冷却水温度升高后，对渣层内的温度分布影响基本可以忽略不计，而铜冷却壁本体温度则随冷却水温度显著提高，其冷热面温差降低，因此冷却壁本体内部温度梯度减小，导致其热应力减小。由此看来，冷却水温度的提高对延长冷却壁本体寿命有利。然而，由图 4-10 可以看出，除渣皮厚度极薄的情况下，提高冷却水温度均会提升炉渣与镶砖交界面处的应力值。以渣皮厚度45mm 为例，当冷却水温度由 25℃提升至 45℃，渣-砖界面的应力值上升了

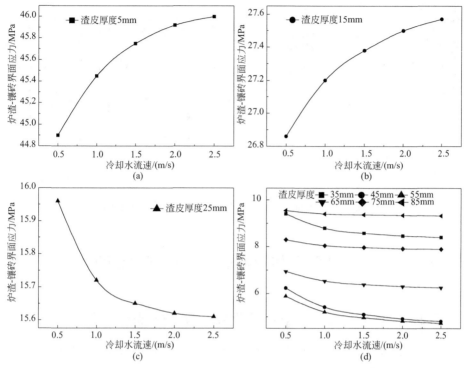

图 4-8　冷却水流速变化对渣-砖交界面处应力值的影响

83.7％，这说明冷却水温的提升会严重破坏冷却壁挂渣的稳定性。考虑到在所计算冷却水温度范围内，冷却壁本体最大热应力不超过 105MPa，未超过铜材抗拉强度，且冷却水温度的提升对降低冷却壁本体应力的作用有限，因此在实际操作中，对冷却水温度的控制应以稳定挂渣为目标，即尽量追求较低且稳定的冷却水温度。

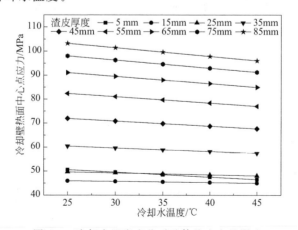

图 4-9　冷却水温度变化对壁体热应力的影响

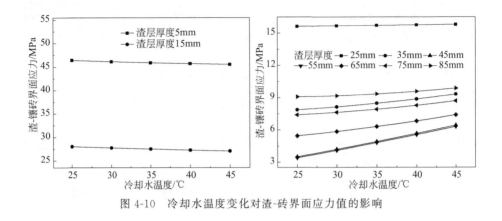

图 4-10　冷却水温度变化对渣-砖界面应力值的影响

4.2.3　镶砖材质对壁体及渣层应力分布的影响

4.2.3.1　镶砖热导率对壁体及渣层应力分布规律的影响

图 4-11 给出了镶砖热导率变化对壁体热应力的影响规律。由该图可以看出，相较于燕尾槽内镶砖完全被炉渣取代的工况，燕尾槽内保留完整的镶砖能显著降低壁体热应力。在渣皮形成初期或渣皮厚度较小时，较高的镶砖热导率显得更为必要。以渣皮厚度 5mm 为例，当燕尾槽内镶砖完全被炉渣取代时，壁体热应力将达到 48.56MPa；而燕尾槽内保留有热导率为 15W/(m·℃)的镶砖时，热应力降低至 11.36MPa，约为前者的 1/5。这是因为在冷却壁筋

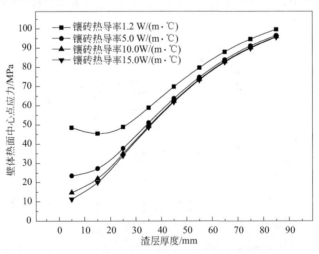

图 4-11　镶砖热导率变化对壁体热应力的影响

肋位置和镶砖位置，镶砖和铜的热导率差异导致筋肋边缘与中心存在较大的温度差，且渣皮越薄，温差越大，因而形成较大的热应力。当燕尾槽内采用热导率较高的镶砖时，燕尾槽位置与筋肋位置温差减小，因而冷却壁内的温度梯度减小，热应力降低。由该图同时可以看出，镶砖热导率由 5W/(m·℃)提升至 10W/(m·℃)，壁体热应力由 23.54MPa 降低至 14.74MPa，降低了8.8MPa；而镶砖热导率继续由 10W/(m·℃) 提升至 15W/(m·℃)，壁体热应力由 14.74MPa 降低至 11.36MPa，降低了 3.38MPa。这说明虽然较高的镶砖热导率对降低冷却壁本体应力有较大作用，但追求过高的镶砖热导率是没有必要的。考虑镶砖成本的因素，在冷却壁燕尾槽内采用热导率在 10～15W/(m·℃) 之间且寿命较长的镶砖较为合理。

由图 4-12 可看出，在渣皮厚度低于 35mm 时，燕尾槽内保留有完整的镶砖时，可显著降低炉渣-镶砖界面处的应力值，增强挂渣稳定性。当燕尾槽内镶砖被炉渣取代时，渣皮厚度达到 45mm 以上时，渣-砖界面的应力值才趋于稳定；而燕尾槽内保留一定厚度镶砖时，渣皮厚度达到 15mm 以上时，渣-砖界面应力趋于稳定。这说明提高镶砖的热导率有利于增强铜冷却壁对渣皮厚度变化的适应性，选用热导率较高的镶砖有利于在渣皮厚度频繁波动的炉况下保证挂渣稳定性。

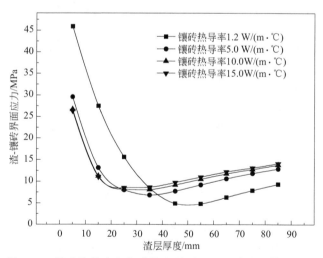

图 4-12　镶砖热导率变化对炉渣-镶砖交界面处应力值的影响

4.2.3.2　镶砖热膨胀性对壁体及渣层应力分布规律的影响

热胀系数是耐火材料的重要指标之一。然而，目前选择铜冷却壁镶砖材质时，热胀系数并不是考虑因素之一。图 4-13 给出了镶砖热胀系数变化对壁体应力值的影响。在铜冷却壁镶砖位置和筋肋位置，由于镶砖或镶渣与铜的热导率的巨大差异会导致冷却壁热面镶砖（或镶渣）位置温度远高于铜肋位置。因此，镶砖的热胀量较大，其变形对冷却壁筋肋产生的挤压作用将不可忽视。由图 4-13 可以看出，随着镶砖热胀系数的增大，冷却壁本体的应力值将显著增大，且渣皮厚度越小时，镶砖热胀系数的影响越明显。以渣皮厚度 5mm 为例，在此工况下，冷却壁表面接近裸露状态，镶砖位置达到很高的温度值。在此条件下，镶砖热胀系数为 $2.7 \times 10^{-6} m/℃$ 时，壁体热面中心点应力值仅为 28.27MPa；而当镶砖热胀系数为 $10.7 \times 10^{-6} m/℃$ 时，该点应力值上升至 111.04MPa；镶砖热胀系数平均每增大 $1 \times 10^{-6} m/℃$，壁体热应力将上升 10.7MPa。显然，如果镶砖热胀系数继续增大，在铜冷却壁表面渣皮脱落时，镶砖膨胀作用对筋肋产生的挤压将使铜冷却壁热面应力值超过其屈服强度（约 300MPa），进而对铜冷却壁寿命产生影响。因此，单从降低铜冷却壁热面应力值的角度出发，铜冷却壁应尽量选择热胀系数较低的镶砖。

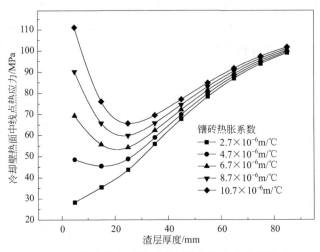

图 4-13　镶砖热胀系数对冷却壁本体应力值的影响

　　然而，当渣皮厚度较小时，镶砖热胀系数的提升反而能降低铜冷却壁炉渣-镶砖交界面处的应力值，这意味着渣皮与镶砖的结合将更加稳固。如图 4-14 所示，无论采用何种热胀系数的镶砖，炉渣-镶砖交界面处的应力值均随渣皮厚度的增大呈现先下降、后上升的趋势，即在某一渣皮厚度处出现应力谷值。而镶砖热胀系数的影响在于：随着镶砖热胀系数的提升，应力谷值所对应的渣皮厚度将越小。例如，当镶砖热胀系数为 $2.7 \times 10^{-6} m/℃$ 时，应力谷值所对应的渣皮厚度为 55mm；而镶砖热胀系数为 $10.7 \times 10^{-6} m/℃$

时，应力谷值所对应的渣皮厚度降低至35mm。该图同时反映出，在渣皮厚度低于35mm时，镶砖热胀系数的增大可明显降低炉渣与镶砖交界面处的应力值。然而，镶砖热胀系数增大到一定程度时，壁体应力值随着渣皮厚度的波动将更加明显，同样不利于渣皮的稳定。

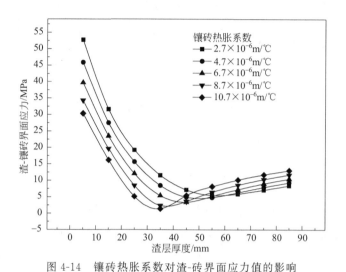

图 4-14 镶砖热胀系数对渣-砖界面应力值的影响

4.2.4 炉渣热胀系数对壁体及渣层应力分布的影响

在高炉实际生产过程中，炉渣的热胀系数是一个关注较少的性能参数。然而，对于挂渣铜冷却壁而言，炉渣热胀系数对铜冷却壁本体应力及炉渣-镶砖交界面应力均有很大影响。图4-15显示了不同热胀系数的炉渣对冷却壁本体的应力的影响。由该图可知，在渣皮厚度一定时，冷却壁本体热应力随着炉渣热胀系数的增大而显著增大；炉渣热胀系数越小，冷却壁本体应力越小且其随渣皮厚度变化而产生的波动越小。当炉渣热胀系数在 $2.7 \times 10^{-6} \sim 4.7 \times 10^{-6}$ m/℃范围内时，在渣皮厚度较小（5～25mm）时，冷却壁本体应力值变化很小，这有利于在渣皮形成初期即对渣皮起到保护作用。而当渣皮热胀系数超过 4.7×10^{-6} m/℃时，冷却壁本体应力均随渣皮厚度的逐渐增大而呈现先降低后升高的趋势，约在渣皮厚度15mm时冷却壁本体应力值最小。而当炉渣热胀系数过大时，以 10.7×10^{-6} m/℃为例，在所计算的渣皮厚度范围内，冷却壁本体应力始终在110MPa以上，最高可达240MPa以上。这说明炉渣的热胀性能对铜冷却壁本体的应力值有很大的影响，进而影响铜冷却壁寿命，炉渣热胀系数越小，对提高铜冷却壁寿命越有利。

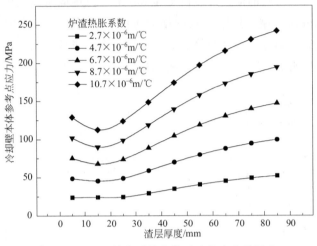

图 4-15　炉渣热胀系数变化对壁体应力的影响

随着渣皮厚度的增大，冷却壁炉渣-镶砖交界面处的应力值均表现出先减小后增大的趋势，渣皮厚度约在 45mm 时炉渣-镶砖交界面处应力值最小，如图 4-16 所示。而炉渣的热胀系数越小，该界面处应力值越小且波动范围越小。在炉渣热胀系数为 10.7×10^{-6}m/℃时，渣皮厚度由 5mm 增大至 45mm 时，界面应力从 106.63MPa 降低至 5.81MPa，降幅达到 100.82MPa；而炉渣热胀系数为 2.7×10^{-6}m/℃时，界面应力相应从 29.14MPa 降低至 4.75MPa，降幅为 24.39MPa。这说明较小的炉渣热膨胀性有利于在渣皮形成初期降低炉渣-镶砖交界面处的应力值并降低渣皮增厚过程中应力值的波动，有利于渣皮的稳定。

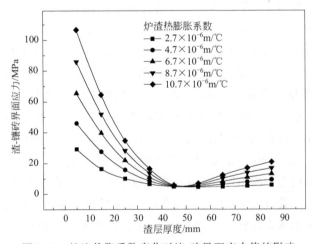

图 4-16　炉渣热胀系数变化对渣-砖界面应力值的影响

4.3
壁体变形分析

4.3.1　典型冷却壁变形

　　铜冷却壁在高炉内工作时，由于受到螺栓固定作用、重力、热应力等而会产生变形，过大的冷却壁变形除了会对壁体本身寿命造成影响外，还会导致壁体与填料层之间产生空气气隙，影响传热效果。因此，铜冷却壁在高炉内工作时，应尽量降低其变形。图 4-17 显示了典型的冷却壁变形情况（炉气温度 1300℃，冷却水流速 2.0m/s，冷却水温度 35℃）。在该图中，虚线表示冷却壁变形前轮廓。由该图可以看出，铜冷却壁在高炉内工作时，在螺栓的约束和热应力共同作用下，在高度方向上，冷却壁中部向热面凸出，而冷却壁两端向冷面凸出，整体形成弓形；在冷却壁宽度方向上，亦表现为冷却壁中部向热面凸出，而冷却壁两端向冷面凸出。

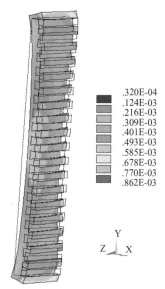

■	.320E-04
■	.124E-03
■	.216E-03
■	.309E-03
■	.401E-03
□	.493E-03
□	.585E-03
□	.678E-03
□	.770E-03
■	.862E-03

图 4-17　铜冷却壁典型变形图

　　图 4-18 和图 4-19 更清楚地反映了冷却壁宽度方向上和高度方向上的变形规律。图中测量点总位移仅表示某点位置离开其原始位置的距离，不含有方向性，而 X 方向位移即表示冷却壁在厚度方向上的位移，正值表示该点向热面移动，负值表示该点向冷面移动。由图可知，在宽度方向上，靠近固定螺栓位置，由于螺栓的约束作用，壁体变形量最小，而由螺栓位置向冷却壁两个侧面，变形量迅速增大，冷却壁两端筋肋的变形量要远大于冷却壁中部筋肋；在高度方向上，亦表现为螺栓约束位置变形量较小，而冷却壁两端和冷却壁中部变形较大，其中冷却壁两个侧面处变形量远大于冷却壁中部相应位置的变形量。同时，由图 4-18 和图 4-19 可以看出，无论在高度方向上还是在宽度方向上，均表现为冷却壁中部向热面鼓出变形，而冷却壁两侧和上下底面向冷面弯曲变形，且越靠近冷却壁中部，变形量越大。这与前面所介绍的国内某

厂损坏铜冷却壁拆下后形状一致，如图 4-20 所示。

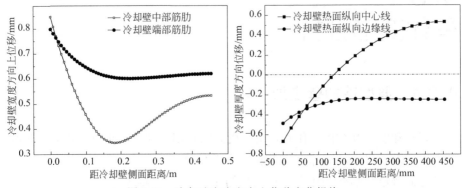

图 4-18　冷却壁宽度方向上位移变化规律

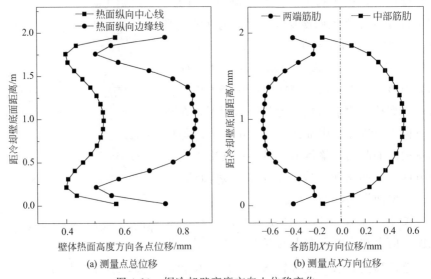

(a) 测量点总位移　　　　　　　(b) 测量点X方向位移

图 4-19　铜冷却壁高度方向上位移变化

由于在冷却壁固定方式一定的情况下，不同工况下冷却壁变形情况基本一致，区别在于各位置处变形量数值的变化，而铜冷却壁热面中心位置变形量较大，因此，在下面分析各工况条件对冷却壁变形问题的影响时，取冷却壁热面几何中心点为参考点，以该点的变形量指代冷却壁变形量。

4.3.2　炉气温度变化对冷却壁变形的影响

如图 4-21 所示，在各渣皮厚度条件下，炉气温度的变化均会线性地增

图 4-20　国内某钢厂损坏铜冷却壁变形情况

大壁体变形量，在不同的渣皮厚度条件下，冷却壁变形量随炉气温度上升的趋势大小有所区别。以渣皮厚度 5mm 为例，当炉气温度由 1200℃ 上升至 1400℃，冷却壁位移由 0.583mm 增加至 0.741mm，增大了 27.1％。这说明即便在有渣皮保护的条件下，炉气温度的升高也会在较大范围内增大冷却壁变形，对冷却壁的安全工作构成威胁。

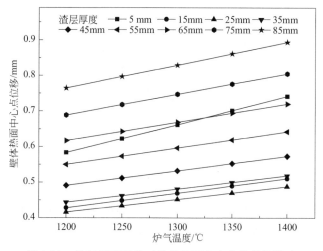

图 4-21　炉气温度变化对壁体热面中心点位移的影响

4.3.3　渣层厚度变化对冷却壁变形的影响

图 4-22 显示了渣层厚度变化对冷却壁变形的影响，由该图可看出，随着

渣皮厚度的增大，冷却壁本体变形呈现先减小后增大的趋势。在渣皮厚度小于20mm时，随着渣皮厚度增大，冷却壁变形逐渐减小，这是由于渣皮的存在降低了冷却壁本体温度，减小了冷却壁热膨胀，因此冷却壁位移减小。而当渣皮超过20mm后，随着渣皮厚度的增大，冷却壁本体变形量又逐渐增大。此时，虽然冷却壁热膨胀量继续减小，但是由于渣层与铜冷却壁膨胀量不一致，逐渐增厚的渣层使得冷却壁与渣层之间的相互约束作用增强，冷却壁本体变形量逐渐增大。以炉气温度1300℃曲线为例，当渣皮厚度由5mm增加至15mm时，渣皮冷却壁变形量由0.662mm减小至0.469mm，即渣皮厚度每增大1mm，冷却壁变量减小0.02mm；在渣皮厚度为15～35mm范围内，渣皮厚度的变化对冷却壁变形量的影响相对较小，冷却壁变形量仅在0.452～0.481mm之间波动，渣皮厚度每变化1mm，冷却壁变形量仅增大0.003mm；而渣皮厚度由35mm增加至85mm，冷却壁变形量由0.481mm增加至0.829mm，平均渣皮厚度每变化1mm，冷却壁变形量增大0.04mm。

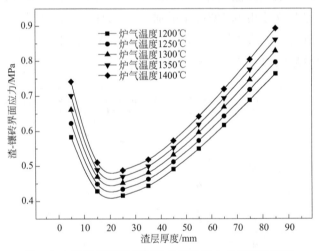

图4-22　渣层厚度变化对冷却壁热面中点位移的影响

以上分析说明，只有适宜的渣皮厚度方可减小冷却壁变形量，在各炉气温度条件下，适宜的渣皮厚度均为15～35mm。

4.3.4　冷却制度对壁体变形的影响

4.3.4.1　冷却水流速变化对壁体变形的影响

图4-23显示了冷却水流速变化对壁体变形的影响。由该图可以看出，

无论何种渣皮厚度条件下，冷却水流速的增大均能减小冷却壁变形量，且在渣皮厚度较小时表现得更加明显。下面分别以渣皮厚度 5mm 和 85mm 两种工况进行说明。在渣皮厚度 5mm 条件下，冷却水流速由 0.5m/s 增加至 2.5m/s，冷却壁变形量由 0.893mm 降低至 0.556mm，共降低了 37.7%；而相应在渣皮厚度 85mm 条件下，冷却壁变形量由 0.799mm 降低至 0.761mm，共降低 5.0%。这说明渣皮越薄，冷却水流速对冷却壁变形的影响越明显。而同时，壁体变形量与冷却水流速之间呈现指数关系，冷却水流速较小时，增大水流速可显著减小冷却壁变形量；而当冷却水流速增加至一定程度时，继续增大水流速对减小冷却壁变形量的作用变得较不明显。以渣皮厚度 5mm 工况为例，在冷却水流速 0.5m/s 增加至 1.5m/s，壁体变形量减小了 30.0%；而冷却水流速继续由 1.5m/s 增加至 2.5m/s，冷却壁变形量减小了 11.2%。

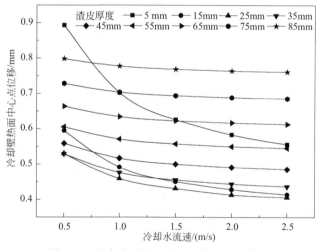

图 4-23　冷却水流速变化对壁体变形的影响

以上分析说明，在一定的水速范围内，冷却水流速的增大对降低冷却壁变形量有显著作用，且在渣皮厚度较小和冷却水速较低时其作用更加明显。根据计算结果，冷却水流速应维持在 1.5～2.5m/s 之间，以降低冷却壁变形量。

4.3.4.2　冷却水温度变化对壁体变形的影响

由图 4-24 可知，冷却壁变形量与冷却水温度呈线性关系，随着冷却水温度的提升，冷却壁本体的变形量显著增大。以渣皮厚度 5mm 工况为例，冷却水温度由 25℃上升至 45℃，冷却壁变形量相应由 0.415mm 上升至

0.568mm，增加了36.9%。因此，为降低冷却壁变形量，需尽量降低并维持稳定的冷却水温度。

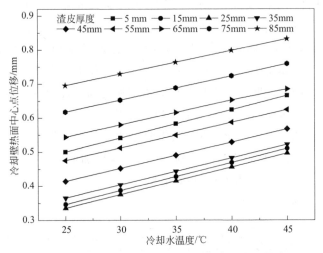

图 4-24　冷却水温度变化对铜冷却壁变形的影响

4.3.5　镶砖材质变化对壁体变形的影响

4.3.5.1　镶砖热导率变化对壁体变形的影响

由图 4-25 可知，在渣皮厚度大于 15mm 时，镶砖热导率的提升可降低壁体变形量。相较于冷却壁燕尾槽内镶砖完全被炉渣取代的工况，当燕尾槽内保留有 15W/(m·℃) 的镶砖时，冷却壁本体变形量下降约 6.7%。在热导率小于 7W/(m·℃) 时，镶砖热导率的提升对壁体变形量的降低效果极为明显；当镶砖热导率高于 7W/(m·℃) 时，镶砖热导率的提升对壁体变形量的影响较小。因此。从控制壁体变形量的角度出发，在铜冷却壁燕尾槽内应采用热导率大于 7W/(m·℃) 的镶砖。

4.3.5.2　镶砖热胀系数变化对壁体变形的影响

镶砖热胀系数的增大会明显增加壁体变形量，且在渣皮厚度较小时表现得更加明显，如图 4-26 所示。当渣皮厚度为 5mm 时，镶砖热胀系数由 2.7×10^{-6} m/℃ 变为 10.7×10^{-6} m/℃，壁体变形量由 0.554mm 上升至 0.668mm，上升约 20.5%。

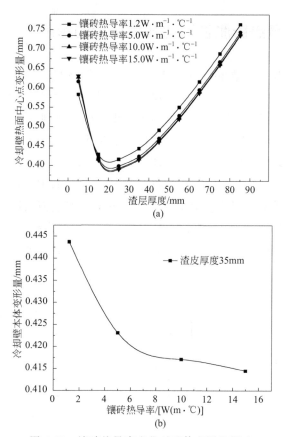

(a)

(b)

图 4-25 镶砖热导率变化对壁体变形的影响

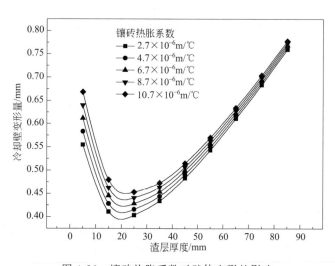

图 4-26 镶砖热胀系数对壁体变形的影响

4.3.6 炉渣热膨胀性对冷却壁变形的影响

如图 4-27 所示，在相同的渣皮厚度条件下，炉渣热胀系数的减小可明显降低铜冷却壁变形量。而当渣皮厚度增大时，铜冷却壁本体变形量随之先减小后增大，即铜冷却壁变形量在某个渣皮厚度时达到谷值。炉渣热胀系数越大，壁体变形量谷值所对应的渣皮厚度值越小，且经过谷值后，壁体变形量的增大趋势更加明显。当炉渣热胀系数为 $10.7 \times 10^{-6} \mathrm{m/℃}$ 时，铜冷却壁最大变形量达到 1.612mm（对应渣皮厚度 85mm）；而炉渣热胀系数为 $2.7 \times 10^{-6} \mathrm{m/℃}$ 时，冷却壁最大变形量仅为 0.539mm（对应渣皮厚度 5mm），约为前者的 1/3。这意味着炉渣热胀系数越小，壁体变形将越小且随渣皮厚度变化而产生的变形量波动也越小，这将有利于降低铜冷却壁应力疲劳，延长铜冷却壁寿命。

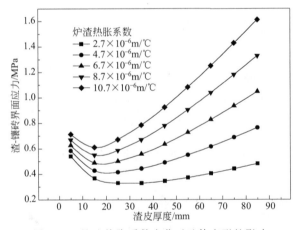

图 4-27 炉渣热胀系数变化对壁体变形的影响

4.4
本章小结

本章基于弹性力学理论及有限单元理论建立了包含渣层的铜冷却壁热力耦合分析模型，计算了炉气温度、渣皮厚度、冷却制度、炉渣镶砖材质、炉渣热胀系数等因素对铜冷却壁本体应力、铜冷却壁变形以及冷却壁镶砖-炉渣交界面处应力值的影响，得出如下结论：

① 冷却壁本体应力及炉渣-镶砖交界面处应力均随炉气温度的升高而线性升高。在渣皮厚度大于 15mm 时，渣皮厚度越大，冷却壁本体应力随炉气温度升高而上升的趋势越明显，炉气温度的波动易导致冷却壁本体内应力频繁波动，进而造成铜冷却壁疲劳损坏。在渣皮厚度较小（小于 25mm）时，炉渣-镶砖交界面处应力值较大且随炉气温度波动而由较大幅度变化，不利于炉渣稳固地附着在铜冷却壁表面。

② 冷却壁本体应力值及炉渣-镶砖界面应力值随渣皮厚度增加而呈现先下降后上升的趋势，当渣皮厚度约为 15mm 时，壁体应力值最小，镶砖-渣皮交界面处的应力值在渣皮厚度约 45mm 时达到最小。为保证渣-砖界面应力值较小且应力波动较小，渣皮厚度应维持在 30～60mm 之间。

③ 无论在何种渣皮厚度条件下，冷却水流速的增大均会导致冷却壁本体应力值的增大，但增大的幅度较小，不超过 19.2%。而渣皮厚度在 15mm 以下时，增大冷却水流速会导致炉渣-镶砖界面应力值增大，挂渣稳定性降低；当渣皮厚度大于 25mm 时，冷却水流速的增大又会降低炉渣-镶砖界面应力，使挂渣稳定性增强。无论在何种渣皮厚度条件下，冷却水温度的升高均会微弱地降低冷却壁本体应力；而冷却水温度的升高同时会导致炉渣-镶砖交界面处应力值的大幅度上升，不利于稳定挂渣。

④ 提高铜冷却壁镶砖热导率有利于降低铜冷却壁本体应力及炉渣-镶砖界面处应力值，同时有利于增强铜冷却壁对渣皮厚度变化的适应性。镶砖热胀系数越小，铜冷却壁本体应力越小。在实际生产中应选用热导率在 10～15W/(m·℃) 之间、热胀系数相对较小且寿命较长的镶砖。

⑤ 炉渣热胀系数越小，冷却壁本体应力及炉渣-镶砖界面应力越小且二者随渣皮厚度变化而产生的波动越小，越有利于稳定挂渣。

⑥ 冷却壁本体变形随炉气温度的升高而线性增加；而随着渣皮厚度的增大，冷却壁本体变形先增大后减小，渣皮厚度约为 20mm 时冷却壁本体变形最小。

⑦ 冷却水流速的增大对降低冷却壁变形量有显著作用，且在渣皮厚度较小和冷却水速较低时其作用更加明显，冷却水流速应维持在 1.5～2.5m/s 之间；冷却壁变形量与冷却水温度呈线性关系，随着冷却水温度的提升，冷却壁本体的变形量显著增大。

⑧ 镶砖热导率的提升可明显减小冷却壁本体变形，而镶砖热胀系数的增大会明显增加壁体变形量，且在渣皮厚度较小时表现得更加明显。

⑨ 炉渣热胀系数越小，铜冷却壁本体变形越小，且铜冷却壁本体变形量随渣皮厚度变化而产生的变化也越小。

第**5**章

渣皮软熔特性
试验研究

由第 3 章分析可知，挂渣温度是影响高炉铜冷却壁热面渣皮稳定性的重要因素之一，不同性质的炉渣对炉气温度变化的适应能力不同，而所能形成的渣皮厚度也不同。因此，有必要研究炉渣成分变化对其性能的影响，以确定炉料结构调整对铜冷却壁挂渣过程的影响。

高炉炉渣的研究目前主要集中在炉渣的黏度预测及调节方向。沈峰满等[162]对大量应用高铝矿冶炼条件下炉渣性能变化进行研究后认为，随着 Al_2O_3 含量的增加，炉渣的黏度增加，流动性变差，而适当提高 MgO 含量可改善炉渣流动能力，然而其研究是针对高炉终渣进行的。傅连春、毕学工等[163,164]对高炉内初渣的形成过程及其性能的优化进行了研究，并通过试验讨论了未燃煤粉对初渣黏度的影响，结果表明，炉料结构的变化对所生成初渣的成分及流动性能有较大影响，而初渣中混入未燃煤粉将导致初渣黏度急剧增加。候利明等[165]针对高炉初渣、中间渣成分变化剧烈及 FeO 含量高的特点，采用神经网络-遗传算法（ANN-GA）建立了高炉初渣黏度预报模型，并将模型预测结果与实际试验值进行对比，结果表明二者误差在20％以内，即预测准确度较高。

然而，炉渣黏度是对炉渣熔化后自由流动能力强弱的一种描述。实际上，流动的初渣在冷却壁表面凝结成固态渣皮后，当温度再次升高时，所形成的渣皮将逐渐软化。当渣皮软化到一定程度时，其强度将不足以支撑自身重力或炉气、炉料冲刷力，这时渣皮将脱落。而此时，炉渣并未达到完全自由流动的程度，即此时用炉渣黏度来描述渣皮是否能稳定存在是不合理的。因此，为确定渣皮形成及脱落临界温度，需对初渣及中间渣的炉渣软熔过程进行研究分析。

5.1
试验设备及方法[166]

5.1.1　试验设备

本节采用灰熔性测定仪研究炉渣软熔过程，该设备结构如图 5-1 所示。该设备主要由硅碳棒加热元件、样品台、高清摄像系统、保护气系统及控制电脑等组成。该设备与一般灰熔性测定设备的区别在于升温过程中可通入惰性气体保护样品。本试验研究对象为高炉初渣，而初渣中 FeO 易被氧化，因此试验过程中保持惰性气氛尤为必要。

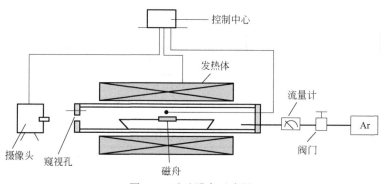

图 5-1　试验设备示意图

5.1.2　试验方法

试验过程中，按照初渣组分采用化学纯试剂按比例配制初渣，其中 CaO、SiO_2、MgO 及 Al_2O_3 直接采用纯度 98％以上的试剂配制。而 FeO 则采用纯铁粉还原 Fe_3O_4 的方法制备，具体制备方法为：

①　将一定 Fe_3O_4 试剂与纯铁粉按照摩尔量 1∶1.1 的比例称量后置于玛瑙研钵内，充分研磨使二者混合均匀；

②　将混匀后的 Fe_3O_4 试剂和纯铁粉混合物装入铁质坩埚内并压实后置入真空箱式炉，将箱式炉炉膛抽至真空后开始通入氩气并升温；

③　升温至 1200℃后保温 3h，使 Fe_3O_4 与纯铁粉充分反应，之后停止升

温并在氩气气氛保护下降温至室温;

④ 取出所制备的 FeO 样品,放入制样机内粉碎至 200 目以下,并取少量粉碎后的样品进行 XRD 测试和化学成分分析。

所制得的 FeO 样品 XRD 检测结果及化学成分分析结果分别如图 5-2 及表 5-1 所示。由图 5-2 及表 5-1 可知所制备的 FeO 样品较纯净,不含有除 FeO 外的铁氧化物,可用于试验。

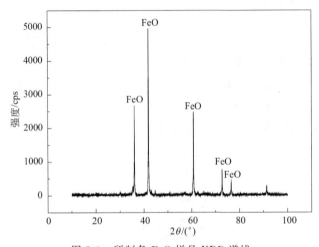

图 5-2　所制备 FeO 样品 XRD 谱线

表 5-1　所制备 FeO 样品成分

成分	含量/%
TFe	80.5
FeO	75
MFe	14.9

将各组分按照炉渣成分比例混合后置于玛瑙研钵内研磨 20min 使各组分充分混合,然后称取 1.2g 样品在 10MPa 压力条件下压制成直径 5mm 的圆柱形试样。

样品制备完成后,将不同初渣样品置于高铝垫片上,采用瓷舟承托高铝垫片后置入炉膛内,通入氩气以排出炉膛内空气,氩气流量控制为 3L/min。通入氩气一段时间后,按照 5℃/min 的升温速度开始升温。升温至 800℃后,采用高清摄像机每隔 5℃拍摄一张样品照片并保存。试验过程中,观察样品高度及形状变化,当样品接近完全融化时停止关闭电源,试验结束。

试验结束后,采用图像处理软件对不同温度下拍摄的试样照片进行处理，测定不同温度下试样的剩余高度，并计算试样剩余高度比例，绘制试样剩余高度比例-温度关系曲线以分析试样软熔过程。其中，试样剩余高度比例计算公式如下：

$$HR = \frac{H_m}{H_0} \tag{5-1}$$

式中，HR 为试样剩余高度比例；H_m 为当前温度下试样剩余高度；H_0 为试样原始高度。

需要说明的是，本试验与普通的灰熔点测定试验有较大的区别，主要体现在以下两点：

① 整个试验过程在保护气氛下进行，不存在样品氧化等问题；

② 试验样品为圆柱体型，样品的高度随着温度升高而逐渐降低，而不会像普通的锥形试样一样在某个温度下突然倒塌，因此可测定整个升温过程中试样的高度及体积变化。

5.1.3 试验方案

高炉初渣的主要组成成分是 CaO、SiO_2、MgO、Al_2O_3 及 FeO，而实际生产中 CaO 与 SiO_2 的含量主要由炉渣碱度确定，因此本试验中选取炉渣二元碱度 R_2、MgO 含量 $w(MgO)$、Al_2O_3 含量 $w(Al_2O_3)$ 及 FeO 含量 $w(FeO)$ 为变量。由于初渣成分多变且较难测定，因此在变量水平确定上本节主要参考了国内外高炉解剖结果。首钢在 20 世纪 80 年代初对一座 $23m^3$ 高炉生产 7 年零 4 个月的高炉进行解剖[167~169]，其结果表明高炉初渣二元碱度在 1.0~1.5 之间波动，在炉腹上层最初出现的初渣中 CaO、SiO_2 及 Al_2O_3 含量均较低，而 FeO 含量非常高。其中炉腹三层以上 FeO 最高值甚至超过 30%。随着炉料下行，FeO 含量逐渐降低，至炉腹四层下降至 8% 左右。而炉料中的 Al_2O_3 则在炉料下降过程中逐渐向炉渣中转移，在炉腹上层初渣中 Al_2O_3 含量为 3%~5%，而进入炉缸后其值将达到 8%~9%。近年来我国的炉料结构发生了较大变化，尤其是高铝矿的大量使用，必然导致炉渣中 Al_2O_3 含量的升高（终渣中可达 17% 左右）。该高炉解剖的结果还表明，初渣中的 MgO 含量在 5%~6%，而随着炉渣下降，其值在进入炉缸前上升至 11% 左右。

根据国内外对初渣成分的研究结果，本节所制订的试验方案中各变量水平选择如表 5-2 所示：

表 5-2 试验变量水平选择

变量	水平
R_2	1.1、1.3、1.5
$w(Al_2O_3)/\%$	9~13
$w(MgO)/\%$	5~9
$w(FeO)/\%$	10~30

在研究不同碱度条件下 FeO 含量对炉渣软熔过程的影响时，取 Al_2O_3 含量及 MgO 含量为固定值（分别为 9% 及 7%），以明确 FeO 单独变化时的影响规律。具体每组试验因素水平选择如表 5-3 所示。而同样，在研究不同碱度条件下 Al_2O_3 含量变化对渣皮软熔过程的影响时，取 FeO 含量及 MgO 含量为定值（分别为 10% 及 7%）；研究 MgO 含量变化对渣皮软熔过程的影响时，取 FeO 含量及 Al_2O_3 含量为定值（分别为 20% 及 9%）。不同碱度条件下 Al_2O_3 含量及 MgO 含量变化对炉渣软熔过程的影响试验方案分别如表 5-4 及表 5-5 所示。

表 5-3 碱度及 FeO 含量因素试验方案

编号/组分	R_2	$w(Al_2O_3)/\%$	$w(MgO)/\%$	$w(FeO)/\%$
1	1.10	9.00	7.00	10.00
2	1.10	9.00	7.00	15.00
3	1.10	9.00	7.00	20.00
4	1.10	9.00	7.00	25.00
5	1.10	9.00	7.00	30.00
6	1.30	9.00	7.00	10.00
7	1.30	9.00	7.00	15.00
8	1.30	9.00	7.00	20.00
9	1.30	9.00	7.00	25.00
10	1.30	9.00	7.00	30.00
11	1.50	9.00	7.00	10.00
12	1.50	9.00	7.00	15.00
13	1.50	9.00	7.00	20.00
14	1.50	9.00	7.00	25.00
15	1.50	9.00	7.00	30.00

表 5-4　碱度及 Al₂O₃ 含量因素试验方案

编号/组分	R_2	$w(Al_2O_3)/\%$	$w(MgO)/\%$	$w(FeO)/\%$
16	1.10	9.00	7.00	10.00
17	1.10	10.00	7.00	10.00
18	1.10	11.00	7.00	10.00
19	1.10	12.00	7.00	10.00
20	1.10	13.00	7.00	10.00
21	1.30	9.00	7.00	10.00
22	1.30	10.00	7.00	10.00
23	1.30	11.00	7.00	10.00
24	1.30	12.00	7.00	10.00
25	1.30	13.00	7.00	10.00
26	1.50	9.00	7.00	10.00
27	1.50	10.00	7.00	10.00
28	1.50	11.00	7.00	10.00
29	1.50	12.00	7.00	10.00
30	1.50	13.00	7.00	10.00

表 5-5　碱度及 MgO 含量因素试验方案

编号/组分	R_2	$w(Al_2O_3)/\%$	$w(MgO)/\%$	$w(FeO)/\%$
31	1.10	9.00	5.00	20.00
32	1.10	9.00	6.00	20.00
33	1.10	9.00	7.00	20.00
34	1.10	9.00	8.00	20.00
35	1.10	9.00	9.00	20.00
36	1.30	9.00	5.00	20.00
37	1.30	9.00	6.00	20.00
38	1.30	9.00	7.00	20.00
39	1.30	9.00	8.00	20.00
40	1.30	9.00	9.00	20.00
41	1.50	9.00	5.00	20.00
42	1.50	9.00	6.00	20.00
43	1.50	9.00	7.00	20.00
44	1.50	9.00	8.00	20.00
45	1.50	9.00	9.00	20.00

5.2
结果分析及讨论

5.2.1　炉渣典型软熔过程

图 5-3 给出了一组典型（碱度 1.3，图（a）～（e）中 FeO 含量分别为 10%、15%、20%、25% 及 30%）的炉渣软熔过程中剩余高度比例 HR 随温度的变化曲线。

由图 5-3 可知，在碱度 1.3 条件下，炉渣的软熔过程可明显区分为 4 个不同的阶段，而不同 FeO 含量的炉渣软熔曲线形状相似。炉渣软熔的第一阶段，即在软熔初期炉渣熔化速度较慢，其曲线较平缓；在炉渣温度达到某一点时，软熔速度突然有所增加，进入软熔第二阶段，曲线斜率增加至一较大值；当炉渣温度继续上升至另一临界值时，炉渣软熔进入第三阶段，其软熔速度增加至最大值，炉渣在较短时间内迅速软化，其软熔曲线斜率迅速增加；当炉渣试样高度迅速降低至某一较小值时，炉渣软熔进入第四阶段，软熔速度逐渐减小。当 FeO 含量上升至 30% 时，炉渣在各阶段的软熔速度差别较小，即曲线的各阶段区分度较小。

通过如上对炉渣软熔过程曲线的分析，将炉渣软熔过程归纳为一种典型的曲线，如图 5-4 所示，并对曲线中一些特征点进行了定义。在图 5-4 中，按照斜率不同而将炉渣软熔过程曲线划分为 Ⅰ、Ⅱ、Ⅲ、Ⅳ 四个阶段，并将这四个阶段分别定义为：Ⅰ——炉渣开始软化阶段；Ⅱ——炉渣迅速软化阶段；Ⅲ——炉渣剧烈软化阶段；Ⅳ——软化完成阶段。为准确分析组分对炉渣软熔性能的影响，分别定义 Ⅰ、Ⅱ、Ⅲ、Ⅳ 阶段曲线斜率，即炉渣软熔速度为 $k_{Ⅰ}$、$k_{Ⅱ}$、$k_{Ⅲ}$、$k_{Ⅳ}$。而 Ⅰ 阶段起始点定义为 P_0 点，其温度及试样剩余高度分别定义为 T_0 及 RH_0（$RH_0 = 1$）；Ⅰ-Ⅱ 阶段交点、Ⅱ-Ⅲ 阶段交点、Ⅲ-Ⅳ 阶段交点分别定义为 P_1、P_2 及 P_3，各点温度及试样剩余比例分别定义为 T_1、T_2、T_3、T_4 及 RH_1、RH_2、RH_3、RH_4。当 FeO 含量上升至约 30% 时，由于阶段 Ⅰ 与阶段 Ⅱ 基本重合，因此 P_1 与 P_2 点也接近重合。

由图 5-3 的实测结果及图 5-4 的定义可知，当温度超过 P_1 点温度，即炉渣温度高于 T_1 时，炉渣将进入迅速软熔阶段，并在较短时间内开始剧烈

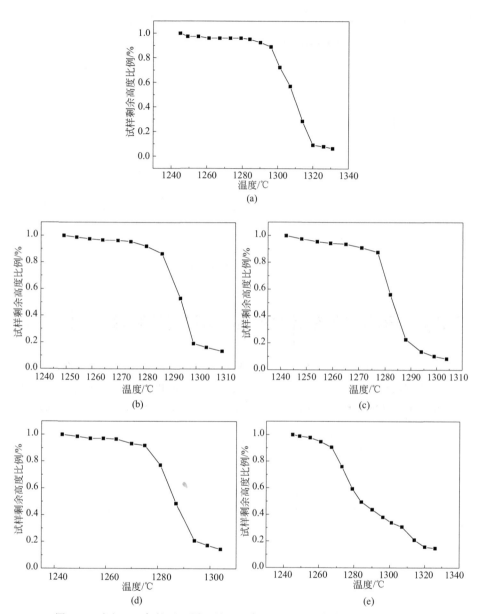

图 5-3　碱度 1.3 条件下不同亚铁含量条件下试样剩余高度与温度的关系

软熔，凝固炉渣的强度将迅速下降。在实际的挂渣过程中，当炉渣表面温度超过 T_2 值时，渣皮热面表层强度将迅速下降，在炉气冲刷、炉料挤压及自身重力条件下极易脱落。因此，本书在研究时选取 P_2 点温度，即 T_2 为挂渣温度。

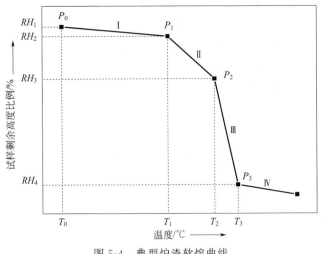

图 5-4　典型炉渣软熔曲线

5.2.2　FeO 含量变化对炉渣软熔过程的影响

　　根据图 5-4 的定义对图 5-3 中各曲线进行分段，并对每段进行线性拟合，根据拟合结果求得 P_0、P_1、P_2 及 P_3 各点温度及剩余高度比例，其中 P_1 点及 P_2 点计算结果分别如图 5-5 及图 5-6 所示，图中实线为拟合结果。

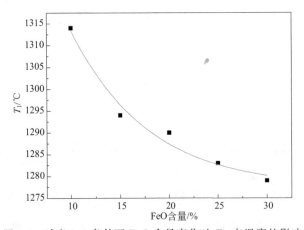

图 5-5　碱度 1.1 条件下 FeO 含量变化对 T_1 点温度的影响

　　由图 5-5 可知，在碱度 1.1 条件下，随着炉渣中 FeO 含量的增加，炉渣 P_1 点温度降低，即炉渣开始迅速软熔温度 T_1 降低；随着炉渣中 FeO 含量的增加，T_1 下降的速度逐渐减缓，即在 FeO 含量 10%～30% 范围内，

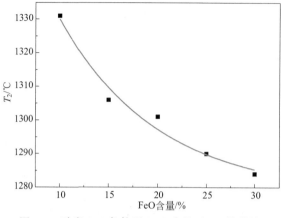

图 5-6　碱度 1.1 条件下 FeO 含量对 T_2 的影响

T_1 近似随 FeO 含量呈指数降低趋势。炉渣中 FeO 含量由 10％增加至 15％时，炉渣迅速软熔温度，即 T_1 由 1314℃下降至 1294℃，共下降 20℃；而初渣中 FeO 含量分别在 15％～20％，20％～25％及 25％～30％区间波动时，炉渣迅速软熔温度分别下降 4℃、7℃和 4℃。

　　渣中 FeO 含量的变化对 P_2 点温度的影响呈现出近似的规律，如图 5-6 所示。当渣中 FeO 含量分别在 10％～15％，15％～20％，20％～25％及 25％～30％区间内增加时，炉渣的剧烈软熔温度分别下降 25℃、5℃、10℃及 6℃。这说明在碱度 1.1 条件下，炉渣中 FeO 含量的增加可明显降低炉渣的迅速软熔温度和剧烈软熔温度，且 FeO 含量在 10％～15％区间内时影响更为明显。采用指数函数对图 5-5 和图 5-6 中的数据进行拟合得到碱度 1.1 条件下，渣皮的迅速软熔温度及剧烈软熔温度分别为：

$$T_1 = 129.99 \mathrm{e}^{-\frac{w(\mathrm{FeO})}{7.80\%}} + 1277.38℃，\quad R^2 = 0.9616 \tag{5-2}$$

$$T_2 = 141.29 \mathrm{e}^{-\frac{w(\mathrm{FeO})}{9.95\%}} + 1278.34℃，\quad R^2 = 0.9553 \tag{5-3}$$

　　在碱度 1.3 条件下，FeO 含量变化对 P_1、P_2 点温度的影响如图 5-7 所示。由该图可知，在碱度 1.3 条件下，FeO 含量变化对 P_1 与 P_2 点温度的影响规律与碱度 1.1 时相似，随着炉渣中 FeO 含量上升，T_1 及 T_2 均呈指数降低，但降低幅度较小。根据试验结果对 T_1-$w(\mathrm{FeO})$ 及 T_2-$w(\mathrm{FeO})$ 进行线性拟合得：

$$T_1 = 66.48 \mathrm{e}^{-\frac{w(\mathrm{FeO})}{35.43\%}} + 1228.04℃，\quad R^2 = 0.8601 \tag{5-4}$$

$$T_2 = 74.62 \mathrm{e}^{-\frac{w(\mathrm{FeO})}{22.74\%}} + 1247.91℃，\quad R^2 = 0.9625 \tag{5-5}$$

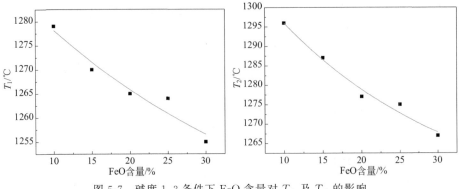

图 5-7　碱度 1.3 条件下 FeO 含量对 T_1 及 T_2 的影响

而在碱度 1.5 条件下，FeO 含量变化对 T_1、T_2 的影响又呈现出与碱度 1.1 时相近似的指数规律（图 5-8），即随着 FeO 含量增加，T_1 及 T_2 均呈指数递减趋势。在碱度 1.5 条件下，T_1 和 T_2 与 FeO 含量间的拟合关系为：

$$T_1 = 107.04e^{-\frac{w(FeO)}{24.41\%}} + 1246.23℃, \quad R^2 = 0.9840 \tag{5-6}$$

$$T_2 = 113.53e^{-\frac{w(FeO)}{15.44\%}} + 1275.35℃, \quad R^2 = 0.9311 \tag{5-7}$$

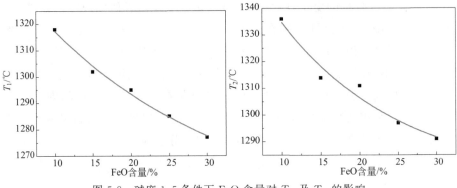

图 5-8　碱度 1.5 条件下 FeO 含量对 T_1 及 T_2 的影响

根据以上的分析，当 FeO 含量在 10％～30％之间变化时，在二元碱度 1.1、1.3、1.5 三种条件下，炉渣的迅速软化温度和剧烈软化温度均随着 FeO 含量的增加而降低。区别在于，不同碱度条件下，炉渣迅速软化温度和剧烈软化温度随 FeO 含量下降的趋势不同。

5.2.3　Al_2O_3 含量变化对炉渣软熔过程的影响

图 5-9 给出了二元碱度 1.1 条件下 Al_2O_3 含量变化对渣皮迅速软化温度

T_1 的影响。由该图可知，在该碱度条件下，随着炉渣中 Al_2O_3 含量的提升，炉渣迅速软化温度 T_1 逐渐降低，且随着 Al_2O_3 含量的升高，降低的趋势有所减弱。炉渣中 Al_2O_3 含量由 9％ 提升至 13％ 时，炉渣迅速软化温度由 1314℃ 降低至 1294℃，共下降了 20℃。

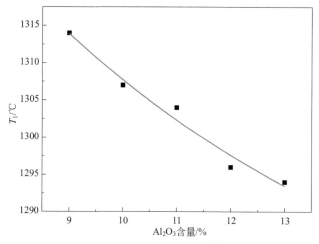

图 5-9　碱度 1.1 条件下 Al_2O_3 含量对 T_1 的影响

而图 5-10 则给出了碱度 1.1 条件下 Al_2O_3 含量变化对炉渣剧烈软熔温度 T_2 的影响。同样，随着炉渣中 Al_2O_3 含量的提升，炉渣剧烈软化温度 T_2 也逐渐降低，且随着 Al_2O_3 含量的升高，降低的趋势亦有所减弱。炉渣中 Al_2O_3 含量由 9％ 提升至 13％ 时，炉渣剧烈软化温度由 1331℃ 降低至

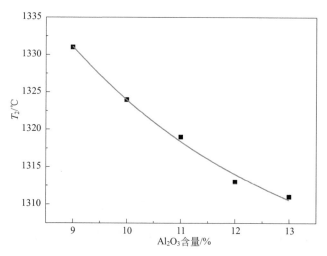

图 5-10　碱度 1.1 条件下 Al_2O_3 含量对 T_2 的影响

1311℃，共下降了20℃。采用指数函数分别对二元碱度1.1条件下 T_1-w（Al_2O_3）及 T_2-w（Al_2O_3）关系进行拟合可得：

$$T_1 = 164.98e^{-\frac{w(Al_2O_3)}{7.42\%}} + 1264.86℃, \quad R^2 = 0.9538 \tag{5-8}$$

$$T_2 = 291.96e^{-\frac{w(Al_2O_3)}{4.13\%}} + 1297.97℃, \quad R^2 = 0.9882 \tag{5-9}$$

如图5-11所示，在二元碱度1.3条件下，渣皮的迅速软熔温度 T_1 及剧烈软熔温度 T_2 随 Al_2O_3 含量的增加而呈现上升趋势。且 Al_2O_3 含量在9%～10%之间上升时，T_1 及 T_2 上升趋势非常明显；而 Al_2O_3 含量为在10%～12%之间上升时，T_1 及 T_2 上升趋势相对较缓；当 Al_2O_3 含量高于12%时，T_1 及 T_2 随 Al_2O_3 含量增加而上升的趋势又显著增大。以试验结果得出的渣皮剧烈软化温度 T_2 为例：Al_2O_3 含量由9%增加至10%，T_2 由1296℃上升至1325℃，共上升29℃；而 Al_2O_3 含量分别由10%增加至11%和由11%增加至12%时，T_2 由1325℃上升至1333℃和由1333℃上升至1337℃，分别上升8℃和4℃；而 Al_2O_3 含量由12%增加至13%时，T_2 又由1337℃上升至1356℃，上升了19℃。采用三次多项式函数对二元碱度1.3条件下 T_1-w（Al_2O_3）及 T_2-w（Al_2O_3）关系进行拟合可得：

$$T_1 = 3.42 \times 10^6 w(Al_2O_3)^3 - 1.1704 \times 10^6 w(Al_2O_3)^2 +$$
$$1.33712 \times 10^5 w(Al_2O_3) - 3765.80℃, \quad R^2 = 0.9981 \tag{5-10}$$

$$T_2 = 3.00 \times 10^6 w(Al_2O_3)^3 - 1.0071 \times 10^6 w(Al_2O_3)^2 +$$
$$1.12971 \times 10^5 w(Al_2O_3) - 2900.60℃, \quad R^2 = 0.9999 \tag{5-11}$$

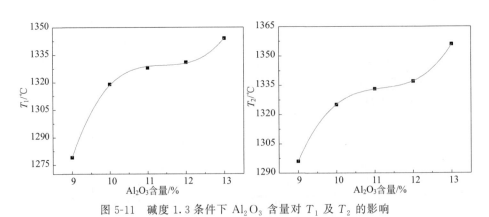

图5-11　碱度1.3条件下 Al_2O_3 含量对 T_1 及 T_2 的影响

而在碱度 1.5 条件下，渣皮的迅速软熔温度 T_1 及剧烈软熔温度 T_2 亦随 Al_2O_3 含量的增加而呈现上升趋势，其变化规律与碱度 1.3 条件下类似，如图 5-12 所示。

以上的分析说明 Al_2O_3 含量对 T_1 及 T_2 的影响随碱度的高低而表现出两性：在碱度较低时，Al_2O_3 含量的增加可降低炉渣的迅速软化温度 T_1 和剧烈软化温度 T_2；在炉渣碱度较高时，Al_2O_3 含量的增加则引起 T_1 和 T_2 的升高。

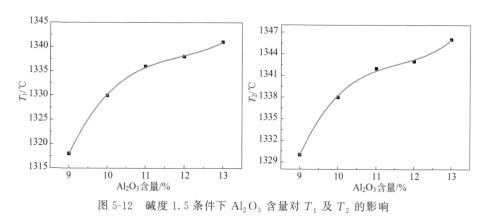

图 5-12　碱度 1.5 条件下 Al_2O_3 含量对 T_1 及 T_2 的影响

采用三次多项式函数对二元碱度 1.5 条件下 T_1-w（Al_2O_3）及 T_2-w（Al_2O_3）关系进行拟合可得：

$$T_1 = 5.8 \times 10^5 w(Al_2O_3)^3 - 2.082 \times 10^5 w(Al_2O_3)^2 +$$
$$2.4974 \times 10^4 w(Al_2O_3) + 331.60℃, \quad R^2 = 0.9985$$

$$（5\text{-}12）$$

$$T_2 = 5 \times 10^5 w(Al_2O_3)^3 - 1.743 \times 10^5 w(Al_2O_3)^2 +$$
$$2.0393 \times 10^4 w(Al_2O_3) + 541.80℃, \quad R^2 = 0.9940$$

$$（5\text{-}13）$$

5.2.4　MgO 含量变化对炉渣软熔过程的影响

图 5-13 显示了二元碱度 1.1 条件下 MgO 含量变化对渣皮迅速软化温度 T_1 的影响。由该图可以看出，在该碱度条件下，随着渣中 MgO 含量的增加，渣皮的迅速软化温度不断上升。在不同的 MgO 含量阶段，渣皮迅速软化温度上升的速度不同：在 MgO 含量 5%～7% 阶段，渣皮迅速软化温度 T_1 随 MgO 含量增加而迅速上升，炉渣中 MgO 含量分别由 5% 增加至 6% 和由 6% 增加至 7%，T_1 分别上升了 25℃ 和 16℃；而在 MgO 含量 7%～

8%阶段，T_1 随 MgO 含量增加而上升的趋势则相对较小，炉渣中 MgO 含量由 6% 增加至 7%，T_1 上升了 1℃；而 MgO 含量达到 8% 以上时，T_1 随 MgO 含量增加而上升的趋势又逐渐增大，炉渣中 MgO 含量由 7% 增加至 8%，T_1 上升了 13℃。该碱度条件下，炉渣剧烈软熔温度 T_2 随 MgO 含量的变化与 T_1 相类似，如图 5-14 所示。这说明在碱度 1.1 条件下，当炉渣中 MgO 含量为 7%~8% 时，有助于稳定炉渣挂渣温度。炉渣中 MgO 含量对 T_1 及 T_2 的影响符合三次幂函数规律，采用三次幂函数对 T_1-w(MgO) 及 T_2-w(MgO) 关系进行拟合可得：

$$T_1 = 1.75 \times 10^6 w(\text{MgO})^3 - 3.954 \times 10^5 w(\text{MgO})^2 +$$
$$3.03 \times 10^4 w(\text{MgO}) + 503.17℃, \quad R^2 = 0.9651 \tag{5-14}$$

$$T_2 = 1.17 \times 10^6 w(\text{MgO})^3 - 2.807 \times 10^5 w(\text{MgO})^2 +$$
$$2.2933 \times 10^4 w(\text{MgO}) + 668.94℃, \quad R^2 = 0.9794 \tag{5-15}$$

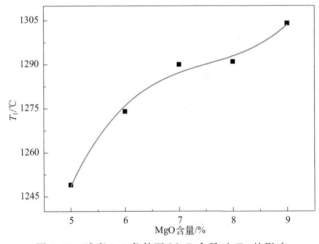

图 5-13　碱度 1.1 条件下 MgO 含量对 T_1 的影响

如图 5-15 所示，在二元碱度 1.3 条件下，MgO 含量对 T_1 和 T_2 的影响规律符合指数规律：随着 MgO 含量的增加，炉渣迅速软熔温度和炉渣剧烈软熔温度均迅速上升；随着 MgO 含量的增大，T_1 和 T_2 的上升速度不断增大。该碱度条件下 T_1-w(MgO) 及 T_2-w(MgO) 拟合关系为：

$$T_1 = 7.74 e^{\frac{w(\text{MgO}) - 5.04\%}{2.52\%}} + 1247.59℃, \quad R^2 = 0.9943 \tag{5-16}$$

$$T_2 = 26.85 e^{\frac{w(\text{MgO}) - 4.29\%}{4.71\%}} + 1229.29℃, \quad R^2 = 0.9942 \tag{5-17}$$

而在碱度 1.5 条件下，MgO 含量对 T_1 和 T_2 的影响规律为：随着 MgO 含量的上升，T_1 及 T_2 迅速上升；而当 MgO 含量增大到某一值时，

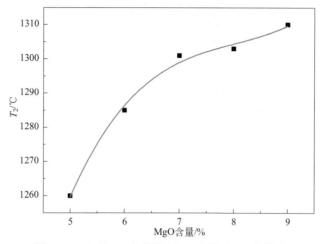

图 5-14　碱度 1.1 条件下 MgO 含量对 T_2 的影响

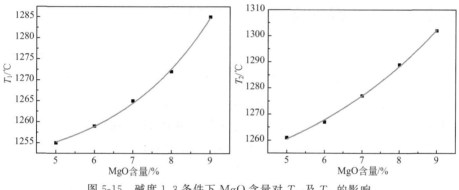

图 5-15　碱度 1.3 条件下 MgO 含量对 T_1 及 T_2 的影响

T_1 和 T_2 的上升速度迅速减小，如图 5-16 所示。以碱度 1.5 条件下，T_2 变化规律为例进行说明：当 MgO 含量在 7% 以下时，渣中 MgO 含量分别由 5% 增加至 6% 和由 6% 增加至 7%，T_2 分别上升 12℃ 和 15℃；而 MgO 含量在 7% 以上时，渣中 MgO 含量分别由 7% 增加至 8% 和由 8% 增加至 9%，T_2 分别上升 2℃ 和 0℃。这说明在该碱度条件下，当炉渣中 MgO 含量达到 7% 以上时，有助于稳定炉渣的挂渣温度。在此碱度条件下，T_1-w（MgO）和 T_2-w（MgO）之间的关系符合 Boltzmann 函数，采用该函数对 T_1-w（MgO）和 T_2-w（MgO）关系进行拟合得：

$$T_1 = -\frac{24.28}{1+e^{\frac{w(MgO)-6.51\%}{0.56\%}}} + 1301.61℃, \quad R^2 = 0.9807 \qquad (5-18)$$

$$T_2 = -\frac{30.34}{1+e^{\frac{w(MgO)-6.09\%}{0.35\%}}} + 1313.06℃, \quad R^2 = 0.9999 \quad (5-19)$$

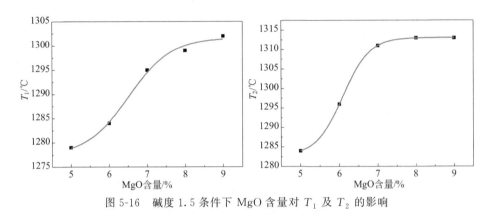

图 5-16　碱度 1.5 条件下 MgO 含量对 T_1 及 T_2 的影响

5.2.5　炉渣碱度对软熔过程的影响

图 5-17 显示了二元碱度 1.1、1.3 及 1.5 三种情况下炉渣的迅速软化温度 T_1 及剧烈软化温度 T_2 随 FeO 含量的变化。由该图可以看出，在碱度 1.1 及 1.5 条件下，T_1 及 T_2 随着 FeO 含量的增加呈现指数降低趋势，随着 FeO 含量的增加，FeO 含量的变化对炉渣初始软化温度的影响逐渐减弱；而在碱度 1.3 条件下，T_1 及 T_2 则随着 FeO 含量的增加而线性降低。当 FeO 含量由 10% 增加至 30%，在炉渣碱度 1.1、1.3 及 1.5 三种情况下，T_1 分别降低 35℃、24℃ 和 41℃，T_2 分别降低 47℃、29℃、45℃。这说明在初渣碱度为 1.1 及 1.5 时有利于适应 FeO 含量波动大的炉况。由该图同时可以看出，在 FeO 含量相同条件下，碱度为 1.3 时的 T_1 及 T_2 值远低于碱度为 1.1 及 1.5 时的 T_1 及 T_2 值；而碱度为 1.1 时的 T_1 及 T_2 值略低于碱度为 1.5 时的 T_1 及 T_2 值。这说明在试验条件下，初渣的迅速软化温度及剧烈软化温度均在二元碱度约为 1.3 时达到最低值，而过高或过低的碱度均会导致炉渣迅速软化温度及剧烈软化温度的升高，造成渣皮难熔或难于形成渣皮。

图 5-18 则给出了二元碱度 1.1、1.3 及 1.5 三种情况下炉渣的迅速软化温度 T_1 及剧烈软化温度 T_2 随 Al_2O_3 含量的变化。由该图可以看出，在炉渣二元碱度发生变化时，Al_2O_3 对 T_1 及 T_2 的影响表现出两性特性：在碱度较低（1.1）时，Al_2O_3 充当碱性氧化物，Al_2O_3 含量的增加导致 T_1 及

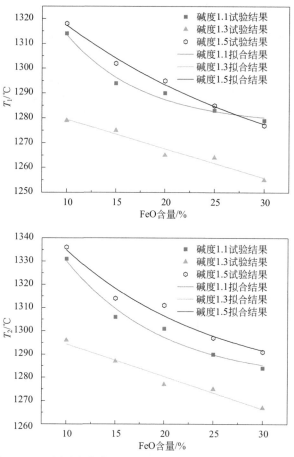

图 5-17 不同碱度条件下 FeO 含量变化对 T_1 及 T_2 的影响

T_2 降低；而当炉渣二元碱度较高时，Al_2O_3 充当酸性氧化物，Al_2O_3 含量的增加导致 T_1 及 T_2 升高。同时，在不同的碱度条件下，T_1 及 T_2 随 Al_2O_3 含量变化而波动的幅度也有所不同，以 T_2 为例：当炉渣中 Al_2O_3 含量由 9% 增加至 13%，碱度为 1.1 时，降低 20℃；碱度为 1.3 时，T_2 升高 60℃；碱度为 1.5 时，T_2 升高 16℃。这说明在 Al_2O_3 含量波动较大时，采用 1.1 或 1.5 的二元碱度有助于稳定渣皮的迅速软化温度和剧烈软化温度，而二元碱度为 1.3 时炉渣的迅速软化温度及剧烈软化温度则易发生较大幅度的波动。该图同时反映出：在 Al_2O_3 含量高于 10% 时，炉渣碱度为 1.1 时的 T_1 及 T_2 值远低于炉渣碱度为 1.3 及 1.5 时的 T_1 及 T_2 值，而炉渣碱度为 1.3 时的 T_1 及 T_2 值略低于炉渣碱度为 1.5 时的 T_1 及 T_2 值。

图 5-19 显示了二元碱度 1.1、1.3 及 1.5 三种情况下炉渣的迅速软化温

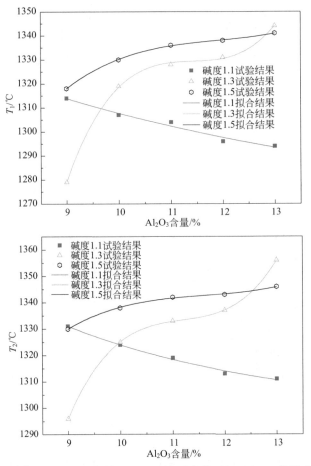

图 5-18　不同碱度条件下 Al$_2$O$_3$ 含量变化对 T_1 及 T_2 的影响

度 T_1 及剧烈软化温度 T_2 随 MgO 含量的变化。由该图可知，在各碱度条件下，随着 MgO 含量由 5％增加至 9％，炉渣的迅速软化温度和剧烈软化温度均增大。而其中，碱度为 1.1 时 T_1 及 T_2 的波动幅度最大，T_1 和 T_2 分别增大 55℃和 50℃；碱度为 1.3 时 T_1 及 T_2 的波动幅度次之，T_1 和 T_2 分别增大 30℃和 41℃；而碱度为 1.5 时 T_1 及 T_2 的波动幅度最小，T_1 和 T_2 分别增大 23℃和 29℃。在 MgO 含量高于 6.5％且炉渣碱度为 1.1 和 1.5 时，MgO 含量的增加对 T_1 和 T_2 的影响均较小。在炉渣中 MgO 含量固定时，碱度为 1.3 时的 T_1 和 T_2 明显小于碱度为 1.1 和 1.5 时的相应值，而碱度为 1.1 时的 T_1 和 T_2 略小于碱度为 1.5 时的相应值。根据以上分析，在 MgO 含量波动较大时，采用较高的炉渣碱度（1.5）有利于稳定渣皮的迅速软化温度和剧烈软化温度，且在 MgO 含量高于 6.5％时更应采用较高的炉渣碱度。

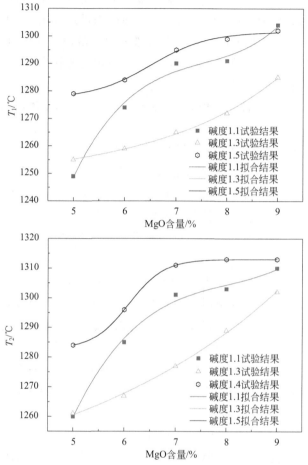

图 5-19　不同碱度条件下 MgO 含量变化对 T_1 及 T_2 的影响

5.3
本章小结

　　本章通过配制含 FeO 高的高炉初渣，测定了铜冷却壁热面所凝结渣皮的软熔特性，得出如下结论：

　　① 不同碱度、不同组分的炉渣，其软熔过程均可明显区分为 4 个不同的阶段：炉渣软熔的第一阶段，即在软熔初期炉渣熔化速度较慢；在炉渣温

度达到某一点时，软熔速度突然有所增加，进入软熔第二阶段，即炉渣迅速软熔阶段；当炉渣温度继续上升至另一临界值时，炉渣软熔进入第三阶段，其软熔速度增加至最大值，炉渣将在较短时间内迅速软化；当炉渣试样高度迅速降低至某一较小值的时，炉渣软熔进入第四阶段，软熔速度逐渐减小，熔化完成。根据炉渣软熔特征曲线，定义了渣皮迅速软化温度、渣皮剧烈软化温度等渣皮软熔特征参数。

② 在不同碱度条件下，炉渣中 FeO 含量的增加均使渣皮的迅速软化温度及剧烈软化温度呈指数降低，而因碱度不同，FeO 含量的增加对渣皮迅速软化温度及剧烈软化温度的降低的速度有所不同。

③ 炉渣中 Al_2O_3 含量变化对渣皮迅速软化温度及剧烈软化温度的影响因碱度不同而表现出两性：在碱度 1.1 条件下，Al_2O_3 含量的增加导致渣皮的迅速软化温度及剧烈软化温度呈指数降低趋势；而在碱度 1.3 及 1.5 条件下，Al_2O_3 含量的增加使渣皮的迅速软化温度及剧烈软化温度呈三次函数上升趋势。

④ 在不同碱度条件下，炉渣中 MgO 含量的增加使渣皮的迅速软化温度及剧烈软化温度上升，因碱度不同，MgO 含量的增加对渣皮迅速软化温度及剧烈软化温度的降低趋势亦有所区别：在碱度 1.1 条件下，渣皮的迅速软化温度及剧烈软化温度均随 MgO 含量增加而呈三次函数升高趋势；在碱度 1.3 条件下，上述两个特征温度随 MgO 含量增加而呈指数升高趋势；在碱度 1.5 条件下，上述两个特征温度则随 MgO 含量增加而呈 Boltzmann 函数升高趋势。

⑤ 当 FeO 含量在 10%～30% 范围内、碱度为 1.3 时，渣皮迅速软化温度及剧烈软化温度均远低于碱度为 1.1 及 1.5 时的相应值，而碱度为 1.1 时此二温度值略低于碱度为 1.5 时的相应值；在 Al_2O_3 含量高于 10% 时，炉渣碱度为 1.3 时的渣皮迅速软化温度及剧烈软化温度值远低于炉渣碱度为 1.3 及 1.5 时的相应值，且二元碱度为 1.3 时炉渣的迅速软化温度及剧烈软化温度则易发生较大幅度的波动，Al_2O_3 含量波动较大时，采用 1.1 或 1.5 的二元碱度有助于稳定渣皮的迅速软化温度和剧烈软化温度；在 MgO 含量波动较大时，采用较高的炉渣碱度有利于稳定渣皮的迅速软化温度和剧烈软化温度，且在 MgO 含量高于 6.5% 时更应采用较高的炉渣碱度。

第**6**章

炉渣成分变化
对渣皮厚度影响

本书 3.3 节推导了铜冷却壁挂渣能力计算方法，并分析了各影响因素。由该节的分析可知，炉渣的挂渣温度 t_f 是影响铜冷却壁挂渣能力的最重要因素之一，而挂渣温度 t_f 受炉渣成分的影响，尤其在高炉原燃料恶化、炉料调整频繁的情况下，挂渣温度的影响更加明显。本书第 5 章对铜冷却壁渣皮的软熔过程进行了研究，并对炉渣的挂渣温度进行了定义。同时，通过对试验结果进行拟合，建立了炉渣中各独立组元与渣皮迅速软化温度 T_1 及剧烈软化温度 T_2 之间的函数关系 [式(5-2)～式(5-19)]。而第 5 章中所述渣皮剧烈软化温度 T_2 等价于炉渣挂渣温度 t_f，则由此可建立炉渣挂渣能力与某一炉渣成分之间的对应关系，如表 6-1 所示。

表 6-1　炉渣组分对其挂渣能力影响计算公式

挂渣能力计算公式	t_f 取值计算公式	适用范围
$\delta_s = \dfrac{\lambda_s}{\alpha_h} \times \dfrac{t_f}{t_g - t_f}$	$t_f = 141.29e^{-\frac{w(\text{FeO})}{9.95\%}} + 1278.34$	$R_2 = 1.1, w(\text{FeO}) \in [10\%, 30\%],$ $w(\text{Al}_2\text{O}_3) = 9\%, w(\text{MgO}) = 7\%$
	$t_f = 74.62e^{-\frac{w(\text{FeO})}{22.74\%}} + 1247.91$	$R_2 = 1.3, w(\text{FeO}) \in [10\%, 30\%],$ $w(\text{Al}_2\text{O}_3) = 9\%, w(\text{MgO}) = 7\%$
	$t_f = 113.53e^{-\frac{w(\text{FeO})}{15.44\%}} + 1275.35$	$R_2 = 1.5, w(\text{FeO}) \in [10\%, 30\%],$ $w(\text{Al}_2\text{O}_3) = 9\%, w(\text{MgO}) = 7\%$
	$t_f = 291.96e^{-\frac{w(\text{Al}_2\text{O}_3)}{4.13\%}} + 1297.97$	$R_2 = 1.1, w(\text{Al}_2\text{O}_3) \in [9\%, 13\%],$ $w(\text{FeO}) = 10\%, w(\text{MgO}) = 7\%$

挂渣能力计算公式	t_f 取值计算公式	适用范围
	$t_f = 3.00w(Al_2O_3)^3 \times 10^6 - 1.0071 \times 10^6 w(Al_2O_3)^2 + 1.12971 \times 10^5 w(Al_2O_3) - 2.9006 \times 10^3$	$R_2 = 1.3, w(Al_2O_3) \in [9\%, 13\%],$ $w(FeO) = 10\%, w(MgO) = 7\%$
	$t_f = 5 \times 10^5 w(Al_2O_3)^3 - 1.743 \times 10^5 w(Al_2O_3)^2 + 2.0393 \times 10^4 w(Al_2O_3) + 5.418 \times 10^2$	$R_2 = 1.5, w(Al_2O_3) \in [9\%, 13\%],$ $w(FeO) = 10\%, w(MgO) = 7\%$
$\delta_s = \dfrac{\lambda_s}{\alpha_h} \times \dfrac{t_f}{t_g - t_f}$	$t_f = 1.17 \times 10^6 w(MgO)^3 - 2.807 \times 10^5 w(MgO)^2 + 2.2933 \times 10^4 w(MgO) + 668.94$	$R_2 = 1.1, w(MgO) \in [5\%, 9\%],$ $w(Al_2O_3) = 9\%, w(FeO) = 20\%$
	$t_f = 26.85e^{\frac{w(Al_2O_3) - 4.29\%}{4.71\%}} + 1229.29$	$R_2 = 1.3, w(MgO) \in [5\%, 9\%],$ $w(Al_2O_3) = 9\%, w(FeO) = 20\%$
	$t_f = -\dfrac{30.34}{1 + e^{\frac{w(Al_2O_3) - 6.09\%}{0.35\%}}} + 1313.06$	$R_2 = 1.5, w(MgO) \in [5\%, 9\%],$ $w(Al_2O_3) = 9\%, w(FeO) = 20\%$

6.1
炉渣各组分对冷却壁挂渣能力的影响

根据表 6-1 中所列计算公式分别计算得到各碱度条件下 FeO 含量、Al_2O_3 含量及 MgO 含量变化对铜冷却壁所能凝结的最大渣皮厚度（即该种炉渣的挂渣能力），列于图 6-1～图 6-3 中。计算时取炉气温度 t_g 为 1400℃，取炉渣热面与炉气间复合对流换热系数 α_h 为 533W/(m²·℃)，炉渣热导率 λ_s 为 1.2W/(m·℃)。

由图 6-1 所示，在炉渣中 Al_2O_3 含量固定为 9%、MgO 含量固定为 7%的情况下，炉渣最大挂渣厚度与初渣中 FeO 含量关系由于碱度不同而存在较大差别。炉渣中 FeO 含量由 10%增加至 30%时：炉渣二元碱度为 1.1时，冷却壁热面所能凝结的最大渣皮厚度由 43mm 降低至 25mm，降幅达 41.9%；炉渣二元碱度为 1.3 时，冷却壁热面所能凝结的最大渣皮厚度由 28mm 降低至 21mm，降幅约 25.0%；炉渣二元碱度为 1.5 时，冷却壁热面所能凝结的最大渣皮厚度由 46mm 降低至 27mm，降幅达 41.3%。由此可

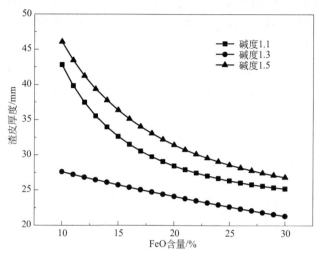

图 6-1　不同碱度条件下炉渣中 FeO 含量变化对其挂渣能力的影响

知在碱度 1.1 和 1.5 条件下，冷却壁热面所能凝结的最大渣皮厚度较大，但是渣皮厚度随 FeO 含量变化的波动较大；在碱度 1.3 时，冷却壁热面所能凝结的渣皮最大厚度较小，但渣皮厚度的稳定性较好。

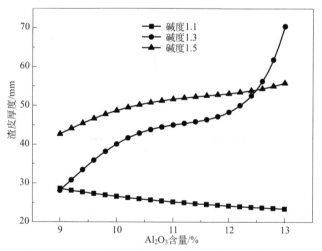

图 6-2　不同碱度条件下炉渣中 Al_2O_3 含量变化对其挂渣能力的影响

在炉渣中 FeO 含量固定为 10%、MgO 含量固定为 7% 的情况下，炉渣最大挂渣厚度与初渣中 Al_2O_3 含量关系如图 6-2 所示。炉渣中 Al_2O_3 含量由 9% 增加至 13% 时：炉渣二元碱度为 1.1 时，冷却壁热面所能凝结的最大渣皮厚度由 29mm 降低至 24mm，降幅达 17.2%；炉渣二元碱度为 1.3 时，冷却壁热面所能凝结的最大渣皮厚度由 28mm 增加至 71mm, 增幅约 153.7%, 其中在 Al_2O_3 含量小于约 10.5% 时 Al_2O_3 含量的变化对炉渣挂渣能力的影响较大, Al_2O_3 含量介于 10.5%～12% 之间时影响较小, 而当 Al_2O_3 含量大于 12% 时, Al_2O_3 含量继续增大将导致渣皮厚度的迅速增大; 炉渣二元碱度为 1.5 时, 冷却壁热面所能凝结的最大渣皮厚度由 43mm 增加至 56mm, 增幅达 30.2%。由此可知在 1.5 条件下, 渣中 Al_2O_3 含量变化对渣皮厚度的影响相对较小, 即渣皮厚度的稳定性较好。而若需采用 1.3 的二元碱度, 则需要控制炉渣中 Al_2O_3 含量在 10.5%～12% 之间, 以稳定冷却壁热面渣皮厚度。

在炉渣中 Al_2O_3 含量固定为 9%、FeO 含量固定为 20% 的情况下, 炉渣最大挂渣厚度与初渣中 MgO 含量关系如图 6-3 所示。炉渣中 MgO 含量由 5% 增加至 9% 时: 炉渣二元碱度为 1.1 时, 冷却壁热面所能凝结的最大渣皮厚度由 20mm 增加至 34mm, 增幅达 70.0%; 炉渣二元碱度为 1.3 时, 冷却壁热面所能凝结的最大渣皮厚度由 21mm 增加至 30mm, 增幅约 42.9%; 炉渣二元碱度为 1.5 时, 冷却壁热面所能凝结的最大渣皮厚度由 25mm 增加至 34mm, 增幅为 36.0%, 小于碱度为 1.1 和 1.3 时的增幅, 同时 MgO 含量高于 7% 时其含量变化基本不对渣皮厚度产生影响, 而 MgO 含量低于 7% 时其含量影响则较大。由此可知, 在 1.5 条件下, MgO 含量变化对渣皮厚度的影响相对较小, 渣皮厚度的稳定性较好。而 1.1 或 1.3 的二元碱度条件下, 渣皮厚度的稳定性均较差。

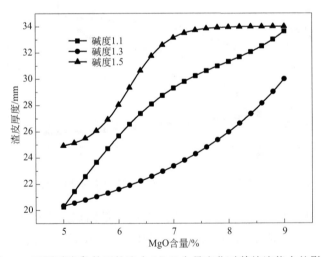

图 6-3　不同碱度条件下炉渣中 MgO 含量变化对其挂渣能力的影响

6.2
炉渣各组分对冷却壁挂渣能力影响强弱分析

6.1 节的分析分别给出了不同碱度条件下 FeO、Al_2O_3 或 MgO 单一成分含量变化时对冷却壁表面所能凝结的渣皮厚度的影响，而为了比较不同碱度条件下这三种成分对冷却壁挂渣能力影响的相对强弱，采用式(6-1)计算各组分在其变化范围内对冷却壁挂的渣能力平均值：

$$I_{R_2}(i) = \frac{\dfrac{\delta_{\max}(i) - \delta_{\min}(i)}{\delta_{\min}(i)} \times 100\%}{\dfrac{\omega_{\max}(i) - \omega_{\min}(i)}{\omega_{\min}(i)} \times 100\%} \tag{6-1}$$

式中 $I_{R_2}(i)$——碱度为 R_2 时，组分 i 在其变化范围内每增大 1%，冷却壁热面所能凝结的最大渣皮厚度变化的百分比，简称为挂渣稳定性指数，$I_{R_2}(i)$ 越大，表明在碱度 R_2 条件下组分 i 越易影响冷却壁挂渣能力，无量纲；

     i——影响渣皮厚度的炉渣成分，可取 FeO、Al_2O_3 及 MgO；

     r——炉渣二元碱度，可取 1.1、1.3 及 1.5；

$\omega_{\max}(i), \omega_{\min}(i)$——分别为组分 i 含量变化上限及下限，%；

     $\delta_{\max}(i)$——碱度 R_2 条件下，组分 i 含量取 $\omega_{\max}(i)$ 时冷却壁热面所能凝结的最大渣皮厚度，mm；

     $\delta_{\min}(i)$——碱度 R_2 条件下，组分 i 含量取 $\omega_{\min}(i)$ 时冷却壁热面所能凝结的最小渣皮厚度，mm。

根据式(6-1)分别计算碱度 1.1、1.3 及 1.5 条件下各组分挂渣稳定性指数，如表 6-2 所示。在表 6-2 计算所得 $I_{R_2}(i)$ 值中，负值表示组分 i 在碱度 R_2 条件下会减小冷却壁热面所能凝结的渣皮最大厚度，即降低冷却壁挂渣能力，而正值则表示组分 i 在碱度 R_2 条件下会增大冷却壁挂渣能力。由该表可以看出在 FeO、Al_2O_3、MgO 三者中，对于 FeO 而言，在各碱度条件下，FeO 含量的增加均降低冷却壁挂渣能力，但 FeO 含量的波动对冷却壁挂渣能力的影响均相对较小，且碱度变化对冷却壁挂渣能力的影响相对较小；而 Al_2O_3 表现出两性，在不同碱度条件下对冷却壁挂渣能力的影响不同，且在不同碱度条件下挂渣稳定性指数均较大且有较大差异，说明其他组分含量不变时，Al_2O_3 含量变化及碱度变化均对挂渣稳定性有较大影响；而在各碱度条件下，MgO 含量的变化对冷却壁挂渣能力的影响均较大，但 $I_{R_2}(i)$ 值相对稳定，这说明另两个组分不变，而仅有 MgO 含量变化时，碱度的变化对冷却壁挂渣能力的影响相对较小。

而根据表 6-2 中的结果可以得出：在碱度 1.1 条件下，FeO、Al_2O_3、MgO 三者对冷却壁挂渣能力的影响强弱为 $MgO > Al_2O_3 > FeO$；在碱度 1.3 条件下，其顺序则为 $Al_2O_3 > MgO > FeO$；在碱度 1.5 条件下，其顺序同样为 $Al_2O_3 > MgO > FeO$。这说明，总体而言，Al_2O_3 含量波动对铜冷却壁挂渣能力的影响最大，MgO 次之，而 FeO 对铜冷却壁挂渣能力的影响相对较小。结合 6.1 节的分析，为保证碱度波动时铜冷却壁表面所能凝结的最大渣皮厚度变化较小，进而使铜冷却壁稳定挂渣，需控制炉渣中 Al_2O_3 含量在 10.5%～12.0% 之间，MgO 含量在 7.0%～9.0% 之间。

表 6-2 各碱度条件下挂渣稳定性指数计算

组分	$I_{R_2}(i)$		
	$R_2 = 1.1$	$R_2 = 1.3$	$R_2 = 1.5$
$i = FeO$	−0.21	−0.11	−0.21
$i = Al_2O_3$	−0.41	3.38	0.69
$i = MgO$	0.82	0.59	0.46

6.3
本章小结

① 本章根据前面章节的理论推导结果及试验结果，建立了铜冷却壁挂渣能力与某一炉渣成分之间的函数关系，并根据所建立的函数关系计算并分析了碱度 1.1、1.3 和 1.5 条件下 FeO、Al_2O_3 及 MgO 对铜冷却壁挂渣能力的影响。根据计算结果，在各碱度条件下，FeO 含量的增加均降低铜冷却壁的挂渣能力，其含量由 10% 增加至 30%，碱度为 1.1、1.3 和 1.5 时铜冷却壁热面所能凝结的最大渣皮厚度分别降低 41.9%、25% 和 41.3%；Al_2O_3 在不同碱度条件下表现出两性作用，Al_2O_3 含量由 9% 增加至 13%，在碱度 1.1 时铜冷却壁热面所能凝结的最大渣皮厚度降低 17.2%，而在碱度 1.3 及 1.5 时分别增加 153.7% 和 30.2%；在各碱度条件下，MgO 含量

的增加均增大铜冷却壁的挂渣能力，MgO 含量由 5％增加至 9％，碱度为 1.1、1.3 和 1.5 时铜冷却壁热面所能凝结的最大渣皮厚度分别增加 70.0％、42.9％和 36％。

②定义了铜冷却壁挂渣稳定性指数，计算并分析了碱度 1.1、1.3 及 1.5 条件下各组分含量变化对铜冷却壁挂渣能力影响的相对强弱，结果表明：在碱度 1.1 条件下，影响强弱为 $MgO > Al_2O_3 > FeO$；碱度 1.3 及 1.5 条件下，影响强弱为 $Al_2O_3 > MgO > FeO$。

③为保证各碱度条件下铜冷却壁均能稳定挂渣，需控制炉渣中 Al_2O_3 含量在 10.5％～12.0％之间，MgO 含量在 7.0％～9.0％之间。

展　望

铜冷却壁在我国应用以来，基本上解决了炉腹、炉腰至炉身中下部这一区域的寿命问题，对我国炼铁技术的进步起到了极大的推进作用。虽然在应用过程中遇到了一些问题，但在众多炼铁工作者的不懈努力下均得到解决。考虑现阶段炼铁技术人员对铜冷却壁的认识仍存在不足，笔者认为未来铜冷却壁应用方面仍需在以下几个方向开展进一步研究：

① 改进应用铜冷却壁的高炉炉型结构设计方法。在应用铸铁和铸钢冷却壁时，高炉炉腰、炉腹及炉身部位砖衬通常较厚，炉衬受到侵蚀后形成不同的操作炉型，合理的操作炉型可使高炉操作指标及寿命达到较高水平。而铜冷却壁广泛应用以后，高炉设计炉型基本上就是其操作炉型，对高炉的设计水平要求更加苛刻，高炉炉型结构设计方法也应进一步改进。

② 进一步明确铜冷却壁的破损原因和合理应用制度。笔者和其他研究者对铜冷却壁的破损原因进行了较深入的研究，提出了多种铜冷却壁破损机理。但由于铜冷却壁在高炉内的工作环境十分恶劣、复杂，其破损原因往往是错综复杂的，仍需要进一步研究。同时，现有的研究在一定程度上确定了铜冷却壁应用时内部冷却水流速、流量和热面耐材性能等参数的合理范围，但更为详细的铜冷却壁使用制度仍需进一步明确。

③ 铜冷却壁挂渣状况监测模型的推广应用及挂渣稳定性提升方法。包含笔者在内的许多研究者已经开发了多种类型的铜冷却壁热面挂渣状况监测模型，并在部分企业得到了良好应用，但仍需要进一步推广。同时，应用监测模型明确热面挂渣情况后，应进一步总结操作经验，形成系统有效的提升铜冷却壁挂渣稳定性的方法。

④ 铜钢复合冷却壁、热面强化铜冷却壁等新型铜冷却壁的开发和推广应用。铜冷却壁具有超高传热能力，可在其热面凝结渣皮保护其自身。但纯铜硬度低、耐磨性差、抵抗变形能力差，同时有"氢病"致裂的可能。在一些特殊的炉况条件下，当热面渣皮频繁脱落时，铜冷却壁极有可能发生磨损、过量变形和开裂损坏，因此包含笔者在内的一些研究者已开始研发铜钢复合冷却壁、防渗氢铜冷却壁等新型铜冷却壁。这些新型铜冷却壁在保留铜冷却壁超高导热能力的优势同时，能有效弥补其强度不足等缺陷，但这些新兴类型铜冷却壁的推广应用仍需进一步加强。

参 考 文 献

[1] 张寿荣.21 世纪的钢铁工业及对我国钢铁工业的挑战 [M].武汉：湖北科学技术出版社，2008.

[2] 张寿荣.进入 21 世纪后中国炼铁工业的发展及存在的问题 [J].炼铁，2012，31（1）：1-6.

[3] 张寿荣.高炉长寿技术展望 [J].钢铁研究，2009，37（4）：1-3.

[4] 张寿荣，于仲洁.武钢高炉长寿技术 [M].北京：冶金工业出版社，2009.

[5] 周传典.高炉炼铁生产技术手册 [M].北京：冶金工业出版社，2002.

[6] 张卫东，任立军，沈海波，等.首钢京唐 5500m³ 高炉长寿技术的应用 [J].炼铁，2010，29（05）：11-13.

[7] Liu Z J，Zhang J L，Zuo H B，et al. Recent progress on long service life design of Chinese blast furnace hearth [J]. ISIJ International，2012，52（10）：1713-1723.

[8] 项钟庸，王筱留.高炉设计——炼铁工艺设计与实践 [M].北京：冶金工业出版社，2007.

[9] 臧红瑞，黄秀花，柳祎.高炉长寿技术浅析 [J].山东冶金，2007，29（2）：19-21.

[10] 周渝生，曹传根，甘菲芳.高炉长寿技术的最新进展 [J].钢铁，2003，46（11）：70-74.

[11] 李峰光，张建良，左海滨，等.高炉灌浆过程炉衬应力分布规律 [J].工程科学学报，2015，37（2）：225-230.

[12] 张皖菊，张影，杜钢.高炉炉缸炉底侵蚀机理研究进展 [J].钢铁研究，2001，29（6）：10-14.

[13] 徐矩良.延长高炉炉缸和炉底寿命的途径 [J].炼铁，1987，6（02）：1-6.

[14] 杜钢，张影.热应力对高炉炉缸和炉底侵蚀的影响 [J].钢铁研究学报，2000，12（5）：1-4.

[15] Tijhuis G J，Bleijendaal N G. BF cooling and refractory technology at Hoogovens [J]. Steel Times International，1995，19（2）：26-27.

[16] Larr V. Blast furnace prefractories and cooling systems-the Hoogovens solution [J]. Steel Times，1987，215（10）：488-492.

[17] Tijhuis G J. Evaluation of lining/cooling systems for blast furnace bosh and stack [J]. Iron and Steel Engineer，1996，73（8）：43-48.

[18] 宋木森.延长高炉炉缸炉底寿命的探讨 [J].钢铁研究，1990，18（2）：10-14.

[19] 王映宏，迟建生，赵思，等.武钢高炉炉缸炉底技术管理 [J].炼铁，2003，22（3）：10-12.

[20] 黄晓煜，薛向欣.我国高炉炉缸破损情况初步调查 [J].钢铁，1998，33（3）：3-5.

[21] 陈令坤，宋木森.武钢 4 号高炉冷却壁破损的原因 [J].炼铁，2008，27（5）：13-17.

[22] 宋木森，吴捐献，孙丽霞.武钢高炉破损调查分析 [J].钢铁，1985，20（6）：5-13.

[23] Van L R，Van S，Callenfels E，et al. Blast furnace hearth management for safe and long campaigns [J]. Iron & Steelmaker，2003，30（8）：123-130.

[24] Gdula S J，Bialecki R，Kurpisz K，et al. Mathematical model of steady state heat transfer in blast furnace hearth and bottom [J]. Transactions of the Iron and Steel Institute of Japan，1985，25（5）：380-385.

[25] 赵宏博，程树森，赵民革."传热法"炉缸和"隔热法"陶瓷杯复合炉缸炉底分析 [J].北京科技大学学报，2007，29（6）：607-612.

[26] Takeda K，Watakabe S，Sawa Y，et al. Prevention of hearth brick wear by forming a stable

solidified layer [J]. Iron & Steelmaker, 2000, 27 (3): 79-84.

[27] Kurpisz K. A method for determining steady state temperature distribution within blast furnace hearth lining by measuring temperature at selected points [J]. Transactions of the Iron and Steel Institute of Japan, 1988, 28 (11): 926-929.

[28] Zou Z P, Xi B, Wang L, et al. Blow-in of blast furnace No. 2 in Gerdau Acominas S A, Brazil [J]. Journal of Iron and Steel Research International, 2009, 16 (11): 731-737.

[29] 宋家齐, 胡静. 高炉铜冷却壁的技术进展 [J]. 炼铁, 2006, 25 (06): 56-60.

[30] 吴启常, 魏丽. 薄壁高炉内型设计 [J]. 炼铁, 2011, 30 (2): 6-9.

[31] 吴启常, 余克事, 余京鹏, 等. 高炉应用铜冷却壁的合理化 [C]. 2005 中国钢铁年会论文集 (第2卷), 2005.

[32] Wu M, Wang L, Liu S. Three-dimensional heat transfer model for stave and lining of blast furnace [J]. Iron and Steel, 1995, 30 (3): 6-11.

[33] 何汝生. 提高冷却壁使用寿命的途径 [J]. 炼铁, 1990, 9 (6): 41-46.

[34] Ohji M. Production and technology of iron and steel in Japan during 1999 [J]. ISIJ International, 2000, 40 (6): 529-543.

[35] Anonymous. Production and technology of iron and steel in Japan during 2007 [J]. ISIJ International, 2008, 48 (6): 707-728.

[36] 宋阳升. 长寿高炉冷却及炉衬技术研究 [D]. 北京: 北京科技大学, 2001.

[37] 张士敏, 王东升, 金宝昌, 等. 高炉钢冷却壁的应用及分析 [J]. 炼铁, 2001, 20 (1): 44-47.

[38] 范晓明, 胡寿玉, 余光明, 等. 高炉冷却壁的制备技术及其进展 [J]. 钢铁研究, 2007, 35 (4): 51-54.

[39] Qi S Q, Li X J, Wei L. Design and research for long life of the 3200m³ blast furnace at the south area of Tang Steel [J]. Journal of Iron and Steel Research International, 2009, 162 (Part 2): 869-873.

[40] 胡君健, 战庆文, 张毅, 等. 高炉冷却壁的生产技术与现状 [J]. 铸造技术, 2004, 25 (8): 657-659.

[41] Wu L, Zhou W, Su Y, et al. Structure optimization of blast furnace cast steel stave [J]. Journal of Iron and Steel Research, 2006, 18 (7): 6-9.

[42] 刘琦. 采用铜冷却壁延长高炉炉体寿命 [J]. 炼铁, 2002, 21 (6): 7-10.

[43] 周强. 高效长寿高炉的冷却设备——铜冷却壁 [J]. 炼铁, 2001, 20 (3): 12-16.

[44] 蒋玲. 高炉铜冷却壁的应用及分析 [J]. 钢铁研究, 2003, 31 (4): 1-5.

[45] 徐矩良. 推广应用铜冷却壁 延长高炉寿命 [J]. 炼铁, 2003, 22 (1): 25-27.

[46] 戴杰. 可多代炉役使用的高炉铜冷却壁 [J]. 炼铁, 1992, 11 (3): 61.

[47] 周渝生, 曹传根. 铜冷却壁在高炉上的安装和使用 [C]. 中国金属学会铜冷却壁技术研讨会, 中国河南洛阳, 2003.

[48] Robert G, Garmichael. Application of copper staves for BF [J]. Iron and Steel Engineer, 1996 (8): 30-35.

[49] Chuan Z, GenY C. Application of copper stave on BFs at abroad [J]. Iron Making, 1999, 18 (6): 7-9.

[50] 刘菁.高炉铜冷却壁的应用及探讨 [J].钢铁研究，2001，29（3）：52-55.

[51] 陈钢.对于我国高炉铜冷却壁冷却技术的改进意见 [C].2008 年全国炼铁生产技术会议暨炼铁年会，中国浙江宁波，2008.

[52] Kurunov I. The modern state of the blast furnace production in Russia [J]. Journal of Iron and Steel Research International，2009，16（10）：34-41.

[53] 杨天钧，吴启常，刘述临.长寿高炉刍议 [C].中国金属学会高炉长寿及快速修补技术研讨会，宜昌，1999.

[54] 杨天钧，程素森，吴启常，等.高炉铜冷却壁的研制 [J].炼铁，2000，19（5）：19-21.

[55] 黄琳基.高炉用铜冷却壁通过专家评议 [J].炼铁，2000，19（4）：28.

[56] 杨佳龙，潘协田.武钢 1 号高炉铜冷却壁薄炉衬操作特点 [J].炼铁，2004，23（3）：7-9.

[57] 魏丽.我国高炉使用铜冷却壁 10 年来的回顾 [J].炼铁，2012，31（3）：13-15.

[58] 佘京鹏，余克事.降低铜冷却壁造价的途径 [J].炼铁，2003，22（6）：21-24.

[59] Chen S S，Yang T J，Cang D Q. Long campaign of BF with overheating-free cooling stave [J]. Journal of Iron and Steel Research International，2003，10（3）：1-5.

[60] 王军.铜冷却壁应用经济性浅析 [J].中国冶金，2004，14（8）：35-38.

[61] Murai R，Ariyama T，Kimura K，et al. Development of cast copper cooling staves and its application to commercial blast furnace [J]. Tetsu to Hagane-Journal of the Iron and Steel Institute of Japan，2002，88（9）：487-492.

[62] 卜天胜，张世英.高炉系统中铜冷却壁的应用 [J].天津冶金，2004，10（3）：15-19.

[63] 王小平，赵吉鹏，吴恭平.高炉冷却壁的破损机理及铜制冷却壁的设计 [J].新技术新工艺，2009，31（7）：20-23.

[64] 范晓明，胡寿玉，余光明，等.高炉冷却壁的制备技术及其进展 [J].钢铁研究，2007，35（4）：51-54.

[65] Kong L F，Li Y，Lu Y J，et al. Stability and nonlinear dynamic behavior of drilling shaft system in copper stave deep hole drilling [J]. Journal of Central South University of Technology，2009，16（3）：451-457.

[66] 赵奇强.铸铜冷却壁在高炉中的应用 [J].现代冶金，2009，37（2）：34-35.

[67] Morimitsu K，Nishicka K. New type cast copper stave [J]. Nippon Steel，2003（10）：11-12.

[68] Shimogorryo S，Gocho M，Kimura K. Cast copper cooling stave for blast furnace [C]：Iron-making Conference Preceedings，Nashiille，2000.

[69] Xu L Y，Chen X L，Ruan J D，et al. Manufacture and application of the new kind cast copper cooling stave for blast furnace [J]. Journal of Iron and Steel Research International，2009，16（11）：888-892.

[70] 许良友，陈先良，阮俊达，等.新型铸铜冷却壁的制造和在高炉上应用 [J].炼铁，2010，29（1）：258-261.

[71] Miller K，Baylis M. Cast copper staves：An economic alternative [J]. Iron & Steelmaker，2000，27（9）：67-73.

[72] Helenbrook R G，Roy P F. Water requirements for blast furnace copperstaves [J]. Iron & Steelmaker，2000，27（6）：45-51.

[73] Zong Y B，Cang D Q，Bai H，et al. Development and research of new BF copper cooling staves

in China [J]. Journal of Iron and Steel Research International，2009，16（4）：879-882.

[74] Heinrich P，Kapischke J，Reufer F，et al. Stavelets-the next logical step in copper stave technology [J]. 60th Ironmaking Conference Proceedings，2001：141-152.

[75] Hathaway W R，Nanavati K S，Wakelin D H，et al. Copper stave installation in H-4 blast furnace stack - First results [J]. 58th Ironmaking Conference Proceedings，1999：35-45.

[76] 张殿有.复合冷却壁：CN200520092532.9 [P]. 2006-12-20.

[77] 曲长春，铨张.高炉复合冷却壁：CN200820070564.2 [P]. 2009-2-4.

[78] 刘增勋，陈晓明，闫丽峰，等.铜钢复合冷却壁热力耦合分析 [J].钢铁钒钛，2009，30（3）：70-75.

[79] 吴明全，陈刚.铜铸钢复合冷却壁应力场的模拟计算与分析 [J].冶金能源，2009，28（2）：31-33.

[80] 宁晓钧，程素森，解宁强.薄形铜冷却壁的热态试验分析 [J].北京科技大学学报，2007，29（S2）：126-129.

[81] 吴狄峰，程树森，潘宏伟.薄型铜冷却壁的热性能 [J].钢铁研究学报，2008，20（4）：9-12.

[82] 阮俊达.薄型铸铜高炉冷却壁：CN201220197561.1 [P]. 2012-12-12.

[83] 王泽懋，翟忠，梁兴.带凸台铜冷却壁：CN200320129955.4 [P]. 2005-1-5.

[84] 余京鹏，余克事.冷面带钩头的铜冷却壁：CN200320127688.7 [P]. 2005-1-12.

[85] Hunger J，Buchwalder J，Freude T，et al. Novelty of an inclined bosh copper cooling stave device and its application [J]. Stahl Und Eisen，2012，132（4）：41-47.

[86] 章荣会，李芳.预挂渣皮的冷却壁：CN201010175376.8 [P]. 2011-11-23.

[87] 吴启常，许领舜，李上吉，等.一种带钢纤维内衬的铜冷却壁：CN201020276228.0 [P]. 2011-10-26.

[88] 余京鹏，李竺清，文俊雄，等.一种强化固渣的铜冷却壁：CN200920061054.3 [P]. 2010-5-5.

[89] 余京鹏，余克事.铜钉挂渣结构的铜板冷却壁：CN02235637.1 [P]. 2003-10-15.

[90] 沈颐身，李保卫，吴懋林.冶金传输原理 [M].北京：冶金工业出版社，2000.

[91] 宗燕兵，莫志英，程相利，等.冷却通道截面形状对高炉铜冷却壁的影响 [J].钢铁研究学报，2005，17（6）：16-18.

[92] 余京鹏，吴启常，苍大强.铜冷却壁水流通道特性分析 [J].炼铁，2003，22（4）：12-16.

[93] Cang D Q，Zong Y B，Mao Y X，et al. 3-D temperature distribution of a full size BF copper stave with oblate channel [J]. Journal of University of Science and Technology Beijing，2003，10（3）：13-15.

[94] 朱仁良，居勤章.铜冷却壁高炉操作现象及思考 [J].炼铁，2012，31（3）：10-15.

[95] 胡温波，王天球.宝钢1号高炉第三代炉体工艺设计 [J].钢铁技术，2011，40（5）：5-7.

[96] 王宝海，张洪宇，车玉满.鞍钢铜冷却壁高炉的热负荷管理 [J].炼铁，2008，27（2）：37-39.

[97] 赵正洪，田景长.鞍钢新3号高炉铜冷却壁薄炉衬操作实践 [J].鞍钢技术，2007，44（6）：38-40.

[98] 孙鹏，车玉满，李连成，等.鞍钢高炉铜冷却壁操作炉型管理系统的开发与实现 [J].冶金自动化，2012，36（1）：58-61.

[99]　徐兴利，李子木.本钢 5 号高炉铜冷却壁的设计、安装和应用 [J].本钢技术，2003，41
　　　（S1）：16-20.

[100]　杨彩旗，徐兴利，李子木.本钢 5 号高炉铜冷却壁设计、安装和应用 [J].炼铁，2004，23
　　　（02）：37-39.

[101]　马继文.本钢五号高炉铜冷却壁破损原因分析及处理技术的研究 [J].金属世界，2009，24
　　　（6）：26-27.

[102]　高福生.本钢五号高炉铜冷却壁破损分析及改进 [J].金属世界，2012，27（4）：33-35.

[103]　马洪斌，张贺顺.首钢 2 号高炉铜冷却壁使用的体会 [J].炼铁，2008，27（5）：9-12.

[104]　Zhang H S，Ma H B，Chen J，et al. The practice of copper cooling stave application for
　　　ShouGang No. 2 BF [J]. Journal of Iron and Steel Research International，2009，16（2）：
　　　883-887.

[105]　郭睿，李峰光.高炉铜冷却壁的应用及研究现状 [J].特种铸造及有色合金，2017，37（6）：
　　　606-610.

[106]　李峰光，张建良，魏丽，等.铜冷却壁使用现状及破损原因浅析 [C].2012 年全国高炉长寿
　　　与高风温技术研讨会，中国北京，2012.

[107]　王维兴.高炉长寿与高风温技术研讨会纪要 [J].中国冶金，2012，23（1）：54-58.

[108]　刘平，任凤章，贾淑果.铜合金及其应用 [M].北京：化学工业出版社，2007.

[109]　刘培兴，刘晓瑭，刘华鼐.铜合金加工基础 [M].北京：化学工业出版社，2010.

[110]　刘纶，乔利杰，褚武扬，等.氢对铜的电化学行为和应力腐蚀的影响 [J].金属热处理学报，
　　　1994，15（4）：50-54.

[111]　刘伦，乔利杰，于广华，等.试样面积比和形状对氢渗透及表观扩散系数的影响 [J].中国腐
　　　蚀与防护学报，1995，15（2）：119-123.

[112]　张智强.紫铜焊接脆化原因分析 [J].材料开发与应用，2005，20（5）：37-39.

[113]　张智强，杨忠.T2 紫铜工艺品热变形脆裂分析 [J].理化检验（物理分册），2000，36（5）：
　　　226-227.

[114]　贾延琳，汪明朴，李周.磷脱氧铜管焊接漏气失效分析 [J].理化检验-物理分册，2006，42
　　　（2）：92-94.

[115]　王艳辉，汪明朴，洪斌.国外无氧铜管材的组织与性能分析 [J].湖南有色金属，2002，18
　　　（4）：29-32.

[116]　中国国家标准化管理委员会.GB/T 23606-2009 铜氢脆检验方法 [S].2009.

[117]　吴桐，程树森.高炉铜冷却壁合理操作建议 [J].钢铁，2011，46（10）：25-29.

[118]　吴桐，程素森.高炉铜冷却壁炉衬侵蚀挂渣模型及工业实现 [J].炼铁，2011，30（5）：
　　　451-457.

[119]　Wu T，Cheng S S. Model of forming-accretion on blast furnace copper stave and industrial ap-
　　　plication [J]. Journal of Iron and Steel Research International，2012，19（7）：1-5.

[120]　Choi S W，Yoo J L，Choi T H，et al. Measuring thickness of the copper stave in blast furnace
　　　using ultrasonic technique in cooling line [J]. International Conference on Control，Automa-
　　　tion and Systems，2010：330-333.

[121]　Choi S W，Kim D. On-line ultrasonic system for measuring thickness of the copper stave in the
　　　blast furnace [J]. Review of Progress in Quantitative Nondestructive Evaluation，2012，31

(A)：1715-1721.

[122] Ganguly A，Reddy A S，Kumar A. Process visualization and diagnostic models using real time data of blast furnaces at Tata Steel [J]. ISIJ Intenational，2010，50 (7SI)：1010-1015.

[123] Yeh C P，Ho C K，Yang R J. Conjugate heat transfer analysis of copperstaves and sensor bars in a blast furnace for various refractory lining thickness [J]. International Communications in Heat and Mass Transfer，2012，39 (1)：58-65.

[124] 计秀兰，刘增勋，吕庆，等.冶炼钒钛磁铁矿高炉的铜冷却壁挂渣分析 [J].钢铁钒钛，2012，33 (1)：55-59.

[125] 刘增勋，李哲，柴清风，等.高炉铜冷却壁渣皮生长传热分析 [J].钢铁，2010，45 (8)：7-10.

[126] Wu L J，Zhou W G，Su Y L，et al. Experimental and operational thermal studies on blast furnace cast steel staves [J]. Ironmaking & Steelmaking，2008，35 (3)：179-182.

[127] Cheng S S，Qian L，Zhao H B. Monitoring method for blast furnace wall with copper staves [J]. Journal of Iron and Steel Research International，2007，14 (4)：1-5.

[128] 程树森，杨天钧，左海滨，等.高炉炉身下部及炉缸炉底冷却系统的传热学计算 [J].钢铁研究学报，2004，16 (5)：10-13.

[129] Bai H，Cang D Q，Zong Y B，et al. Experimental study on heat transfer characteristics of blast furnace copper staves [J]. Journal of University of Science and Technology Beijing，2002，9 (4)：258-261.

[130] Li F G，Zhang J，Guo R，et al. Study on the influence of materials on heat transfer characteristics of blast furnace cooling staves [C] //TMS 2017 Annual Meeting，San Diego：The Mineral，Metals & Materials Society，2017：799-810.

[131] 郑建春，宗燕兵，苍大强.高炉铜冷却壁热面复合传热系数的计算 [J].钢铁研究学报，2008，20 (2)：20-23.

[132] 李峰光，张建良，左海滨，等.极限工况下铸铁冷却壁热态试验研究 [J].铸造，2014，63 (4)：391-395.

[133] Li F G，Zhang J L，Xuan Q，et al. Calculation of the combined heat transfer coefficient of hot-face on cast iron cooling stave based on thermal test [J]. High Temperature Materials & Processes，2016，37 (3)：249-256.

[134] 郑建春，宗燕兵，苍大强.高炉铜冷却壁热态试验及温度场数值模拟 [J].北京科技大学学报，2008，30 (8)：28-30.

[135] 李峰光，张建良，左海滨，等."氢病"现象对铜冷却壁破坏作用研究 [C] //2014年全国冶金物理化学学术会议论文集，中国包头：中国金属学会，2014：47.

[136] Zuo H B，Zhang J L，Li F G，et al. Damage reason analysis of copper stave [C] //Materials Science and Technology Conference and Exhibition 2013，Montreal：MS&T 2013，2013：576-581.

[137] 李峰光，祁成林，叶四友，等.铜冷却壁氢脆破坏现象的试验 [J].钢铁，2019，54 (4)：92-98.

[138] 李峰光，张建良.锌元素对铜冷却壁的破坏作用研究 [C] //2016年全国炼铁生产技术会议暨炼铁学术年会，中国厦门：中国金属学会炼铁分会，2016：59-66.

[139] Li F G, Zhang J L. Research on the influence of furnace structure on copper cooling stave life [J]. High Temperature Materials and Processes, 2019, 38 (1): 1-7.

[140] Yagi J, Nogami H, Austin P R, et al. Development of mathematicalmodel and application for super-high efficiency operations of blast furnace [C]: Proceedings ICSTI'06, Osaka, 2006.

[141] Austin P R, Nogami H, Yagi J. A mathematical model of four phase motion and heat transfer in the blast furnace [J]. ISIJ International, 1997, 37 (5): 458-467.

[142] Austin P R, Nogami H, Yagi J. A mathematical model of blast furnace reaction analysis based on the four fluid model [J]. ISIJ International, 1997, 37 (8): 748-755.

[143] Castro J A, Nogami H, Yagi J. Transient mathematical model of blast furnace based on multi-fluid concept with application to high PCI operation [J]. ISIJ International. 2000, 40 (7): 639-646.

[144] 张雪松, 青格勒, 马丽, 等. 数学模型模拟高炉煤气流与压力分布 [C]: 2010 年全国炼铁生产技术会议暨炼铁年会. 北京, 2010.

[145] Yang L, Feng-guang L. Research status of preparation of surface coating on pure copper [C] //MS&T19, Portland, 2019: 396-402.

[146] 李峰光, 张建良. 基于 ANSYS "生死单元" 技术的铜冷却壁挂渣能力计算模型 [J]. 工程科学学报, 2016, 38 (4): 546-554.

[147] Пляшкевич А С, Стрелов К К, фрейденберг А С. Теплотехнический анализ оптимального соотношения параметров футеровки и системы охлаждения шахты доменной печи [J]. Сталь, 1976 (3): 209-214.

[148] 钱亮, 程素森, 李维广, 等. 铜冷却壁炉墙内型管理传热学反问题模型 [J]. 炼铁, 2006, 25 (2): 18-22.

[149] 车玉满, 孙鹏, 李连成, 等. 鞍钢铜冷却壁高炉操作炉型管理模型开发与应用 [J]. 炼铁, 2007, 26 (5): 18-21.

[150] 代兵, 张建良, 姜喆, 等. 高炉铸铜冷却壁热面状况计算模型的开发与实践 [J]. 冶金自动化, 2012, 36 (5): 37-41.

[151] 王筱留. 高炉生产知识问答 [M]. 3 版. 北京: 冶金工业出版社, 2013.

[152] Hamilton R L, Crosser O K. Thermal conductivity of heterogeneous two-component systems [J]. Industrial & Engineering Chemistry Fundamentals, 1962, 1 (3): 187-191.

[153] 张枫, 肖建庄, 宋志文. 混凝土热导率的理论模型及其应用 [J]. 商品混凝土, 2009, 6 (2): 23-25.

[154] 李峰光, 祁成林. 基于一维热流分析的铜冷却壁挂渣能力计算公式推导及验证 [C] //2017 年全国炼铁年会暨炼铁生产技术会议, 昆明: 中国金属学会炼铁分会, 2017: 547-552.

[155] 石琳, 郭永茂, 曹福军. 铸铜冷却壁蠕变变形研究 [J]. 内蒙古科技大学学报. 2013, 40 (1): 42-45.

[156] 魏渊, 孔建益, 姜本熹, 等. 高炉炉腹区域铸铜冷却壁的数值模拟及结构优化 [J]. 铸造技术. 2013, 34 (7): 918-921.

[157] 邓凯, 程惠尔, 吴俐俊, 等. 结构参数对高炉冷却壁温度场及热应力分布的影响 [J]. 钢铁研究学报. 2006, 18 (2): 1-5.

[158] 李峰光，张建良.变渣皮厚度条件下铜冷却壁变形 [J].中国有色金属学报，2018，28（6）：1268-1275.

[159] 陈明祥.弹塑性力学 [M].北京：科学出版社，2007.

[160] 石琳，程素森，张利君.高炉铜冷却壁的热变形 [J].中国有色金属学报.2005，15（12）：18-21.

[161] 李峰光，张建良.变渣皮厚度条件下铜冷却壁应力分布规律及挂渣稳定性 [J].工程科学学报，2017，39（3）：76-85.

[162] 沈峰满，郑海燕，姜鑫，等.高炉炼铁工艺中 Al_2O_3 的影响及适宜 w（MgO）/w（Al_2O_3）的探讨 [J].钢铁，2014，49（1）：1-6.

[163] 傅连春，毕学工，周国凡，等.从风口喷吹熔剂对炉料软熔性能和初渣性能的影响 [J].钢铁，2009，44（2）：23-27.

[164] 傅连春，毕学工，冯智慧，等.高炉初渣形成过程及其性能优化研究 [J].武汉科技大学学报（自然科学版），2008，31（2）：113-117，171.

[165] 侯利明，刘丽丽，张作泰，等.高 FeO 渣系黏度的试验研究及预报模型 [J].钢铁，2012，47（7）：20-25.

[166] 李峰光，祁成林，王雨.不同碱度条件下 FeO 对初渣软熔特性的影响 [J].钢铁，2018，53（4）：20-26.

[167] 高润芝，朱景康.首钢试验高炉的解剖 [J].钢铁，1982，17（11）：9-17.

[168] 朱嘉禾.首钢试验高炉解剖研究 [J].钢铁，1982，17（11）：1-8.

[169] 刘秉铎，李思再.首钢试验高炉解剖的研究 [J].鞍山钢铁学院学报，1982，4（4）：36-45.